甘薯病害识别与防治
原色图鉴

黄立飞　房伯平　陈景益　等　编著

中国农业出版社

北　京

图书在版编目（CIP）数据

甘薯病害识别与防治原色图鉴/黄立飞等编著. —北京：中国农业出版社，2020.12
ISBN 978-7-109-27047-3

Ⅰ.①甘… Ⅱ.①黄… Ⅲ.①甘薯-病虫害-识别-图集②甘薯-病虫害防治-图集 Ⅳ.①S435.31-64

中国版本图书馆CIP数据核字（2020）第122438号

甘薯病害识别与防治原色图鉴
GANSHU BINGHAI SHIBIE YU FANGZHI YUANSE TUJIAN

中国农业出版社出版
地址：北京市朝阳区麦子店街18号楼
邮编：100125
责任编辑：郭银巧 张 利 文字编辑：王庆敏
版式设计：杜 然 责任校对：吴丽婷
印刷：北京中科印刷有限公司
版次：2020年12月第1版
印次：2020年12月北京第1次印刷
发行：新华书店北京发行所
开本：700mm×1000mm 1/16
印张：11.25
字数：215千字
定价：120.00元

编著者名单

黄立飞　房伯平　陈景益
张新新　罗忠霞　杨义伶
姚祝芳　陈新亮

序

　　甘薯起源于热带美洲，明朝万历年间引入我国，随后为康乾盛世奠定了坚固的粮食基础。我国甘薯种植面积曾超过1.5亿亩，其独具的高产特性和广泛的适应性曾为解决我国人口激增带来的温饱问题作出了重要贡献，许多人曾有"一年甘薯半年粮"的记忆，更有"甘薯救活了一代人"的说法，可见甘薯作为应急救灾和保障国家粮食安全的储备粮食作用不容低估。改革开放以来甘薯作为充饥用粮食的功能逐步衰退，取而代之的是作为城乡居民辅助或保健食品，鲜食用比例逐步增加。当前我国许多省区把甘薯作为农业产业结构调整中的优势作物，甘薯正由粮食作物逐步向效益型经济作物转变。

　　随着甘薯规模化、集约化种植的发展，南北薯区种薯种苗相互调运，加之种薯市场种苗质量监管体系不健全，甘薯病害已成为甘薯产业发展的重要制约因素，部分薯区甘薯根腐病、茎线虫病、黑斑病、薯瘟病、黑痣病、疮痂病、紫纹羽病等一些传统病害危害严重，甘薯复合病毒病（SPVD）、甘薯茎腐病等新生病害危害逐步扩展。

　　本人长期从事甘薯产业技术的研发和示范推广，与薯农接触的机会较多，平时接受技术咨询频率最高的问题是关于甘薯病害的识别与防治，也经常遇到因病害识别不清而防治措施失误的案例。因此，编辑出版甘薯病害的识别与防治迫在眉睫，也是我多年的夙愿。

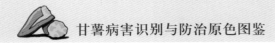

　　编著者为我国较早从事甘薯资源、育种、栽培和病虫害研究的团队，拥有国家种质广州甘薯圃，安全保存国家编目的甘薯资源1 380份，育成了诸如广薯128、广紫薯1号、广薯87等一系列在南方薯区乃至全国有较大影响力的甘薯品种。近年来，为了有效控制甘薯病害对甘薯产业的影响，编著者依托国家甘薯产业体系平台和技术支持，积极收集国内外资料，虚心向同行请教，总结多年的研究结果和实践经验编著了《甘薯病害识别与防治原色图鉴》一书。

　　我与3位作者特别熟悉，对他们关注甘薯产业、服务甘薯产业的激情非常赏识。黄立飞博士知识渊博，房伯平先生是南方薯区科学家杰出的代表，陈景益老师实践经验丰富，几位作者联手编辑出版《甘薯病害识别与防治原色图鉴》一书将会对指导甘薯产业的发展起到重要作用。

　　本书包含甘薯病害内容全面，并配以多幅清晰的原色生态照片，可谓通俗易懂、图文并茂，国内少见。本书对于广大薯农、农技推广人员、植保技术人员和农业院校师生极具参考和借鉴价值。

　　读后有感。欣然作序。

国家甘薯产业技术体系首席科学家

2020年11月26日

甘薯 [*Ipomoea batatas*（L.）Lam] 为旋花科番薯属一年生蔓性草本作物，起源于热带美洲，大约在5 000年前就出现了甘薯栽培。甘薯作为世界上重要的粮食、饲料、能源和工业原料用作物之一，具有高产稳产、易栽培、用途广等优点，在全世界有110多个国家和地区种植。甘薯于16世纪末的明代引入我国，随后在我国各省份广泛种植，在我国国民经济中占据重要位置，曾作为救灾度荒的作物，为国家粮食安全作出了巨大的贡献。长期以来，我国一直是世界上最大的甘薯生产国，2016年我国栽培面积约为329.10万 hm^2，总产量为7 079.37万 t，种植面积和总产量分别约占世界的38.16%和67.30%。近年来，甘薯作为保健食品和功能性食品逐渐受到消费者的青睐，种植效益明显提高。

随着甘薯市场需求旺盛，甘薯种薯薯苗、商品薯等在我国各省份以及国家间引种调运愈加频繁，导致了甘薯各种病虫害的蔓延，呈现南病北移、北病南移、老病新发的现象，危害逐步加重，呈现全球化趋势。例如：甘薯茎腐病最早在美国发现，自从2006年在我国广东省发现以来，全国各薯区均有发生，已经成为南方薯区一个危害最严重的病害；还有甘薯病毒病害（SPVD）主要发生在非洲，2012年在我国首次发现，2015年在广东省湛江市上半年出现大面积暴发，据统计，发病面积为1 257 hm^2，严重影响了甘薯产业的健康发展以及薯农种植甘薯的积极性。甘薯病虫害的发生危害和扩散问题日益突出，防治工作面临着新的挑战。

为了有效控制甘薯病虫害，响应国家农药减量增效的总体目标，在总结多年的研究结果和实践经验的基础上编著了本书，旨在帮助农业技术员和种植户精准识别和防治甘薯病害，同时也便于农业技术推广人员、植物保护技术人员和农业院校师生参考利用。本书收录甘薯病害45种，分为4章，以细菌病害、真菌病害、病毒病害和线虫病害为顺序，分别介绍了6种细菌病害、32种真菌病害、3种病毒病害和4种线虫病害，每种病害都详细介绍了分布与危害、症状、病原、发病规律和防治方法，并配以多幅清晰的原色生态照片，力求科学性、先进性和实用性。

感谢国家甘薯产业技术体系和广东省现代农业产业技术体系甘薯马铃薯创新团队等岗站专家在本书编写过程中给予的极大帮助和支持。特别感谢美国路易斯安那州立大学 Christopher A. Clark 教授和台州科技职业学院刘伟明教授在本书编写过程中给予的支持。此外，广东省农业科学院作物研究所甘薯研究室同事都参与了本书的资料收集与整理，在此一并致谢。由于编著者水平和时间有限，掌握的资料不够全面，书中难免存在疏漏和不足之处，恳请各位专家和读者批评指正。

黄立飞

2020年3月于广州五山

C O N T E N T S

目 录

序
前言

第1章
甘薯细菌病害

1.1　甘薯茎腐病

分布与危害

甘薯茎腐病（Bacterial stem and root rot），又称细菌性茎根腐烂病，是由达旦提狄克氏菌（*Dickeya dadantii* Samson et al.）［又名菊欧文氏菌*Erwinia chrysanthemi* Burkholder et al.)］引起的一种毁灭性细菌性病害。该病于1974年在美国首次发现，其暴发流行严重影响了乔治亚州甘薯加工生产；1987年南太平洋岛国巴布亚新几内亚高地省报道发生；1998年和1999年日本和委内瑞拉相继报道该病；2006年在我国广东省广州市、惠东县发现疑似茎腐病，经过对病原菌的分离与鉴定，最终确认为甘薯茎腐病。目前，该病在我国福建、江西、广西、海南、湖南、河南、河北、重庆、江苏和浙江等省（自治区、直辖市）都发生，已是南方甘薯主产区发病面积最大、危害最重的病害。一般田块株发病率达10%～20%，严重田块达50%以上（图1-1），造成大面积死株，有的成畦成片死亡，甚至全田的薯苗死亡，严重影响甘薯的生产。

症状

在甘薯苗期、生长期、贮藏期均可发生，可危害薯块、薯苗、藤蔓、叶柄和叶片。甘薯茎腐病发病初期，病株生长较为缓慢，在与土壤接触的茎基部有褐色的腐烂病斑，或者茎基部腐烂，扒开土壤可见地下的茎节处有黑色水渍状病斑，或者整个地下茎已腐烂，干缩时

图1-1　甘薯茎腐病大田发病状

1

症状类似于腐皮镰孢菌 [*Fusarium solani* (Mart.) Sacc.] 引起的甘薯枯萎病。在我国南方薯区，薯苗一般在扦插后20d左右出现症状，不同地区发病时间不同。如广东夏秋薯多在种植后30d左右发病，海南秋薯多在种植后50d左右发病，发病速度迅猛，在甘薯的茎及叶柄上会产生褐色至黑色水渍状病斑，最后软化解离（图1-2，图1-3）。有些甘薯品种如广紫薯2号在茎基部发病后，薯苗的顶端叶片出现枯斑枯死症状（图1-4），发病后多数整株枯死，部分只是1～2个枝条解离（图1-5）。但是收获时病株及一些地上部无症状的植株，拐头腐烂呈纤维状，薯块变黑软腐（图1-6），与腐皮镰孢菌共同侵染，在纤维状薯拐上布满腐皮镰孢红色子囊壳（图1-7），根茎维管束组织有明显的黑色条纹，髓部消失成空腔，并有恶臭。薯块在田间受到感染时，病薯表面有黑色边的棕色凹陷病斑（图1-8），横切面和纵切面可见黑褐色病斑，或外部无症状，内部腐烂，受侵染组织呈水渍状（图1-9）。贮藏期薯块初发病斑一般以芽眼为中心，圆形、稍凹陷、黑褐色，后逐渐扩大引起整薯腐烂，病部软化腐烂有臭味。

图1-2　病株茎基部症状

图1-3　病株叶部症状

图1-4　病株顶端枯斑枯死症状

图1-5　病株1～2个枝条解离症状

图1-6　病株薯拐腐烂呈纤维状

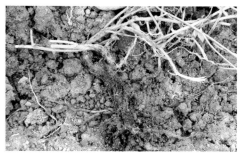

图1-7　病株纤维状薯拐上布满腐皮镰孢红色子囊壳

图1-8　患病薯块棕色凹陷病斑

图1-9　患病薯块内部软腐症状

病原

病原菌为达旦提狄克氏菌（*D. dadantii*），该菌在相当长的时间内是以同物异名菊欧文氏菌存在的。1977年Schaad和Brenner确认了甘薯茎腐病由菊欧文氏菌（*E. chrysanthemi*）引起的。2005年菊欧文氏菌归入狄克氏菌属（*Dickeya*），随后经多种方法鉴定并最终确认引起甘薯茎腐病的病原菌为达旦提狄克氏菌。

病原菌为革兰氏阴性菌，兼性厌氧，能够将糖发酵成乳酸，具有硝酸还原酶，缺乏氧化酶。大小为（0.5～0.70)μm×(1.0～2.5)μm，鞭毛周生、多根。革兰氏染色为阴性，无芽孢和荚膜，能运动（图1-10）。在马铃薯蔗糖培养基（PDA）上菌落表面稍凸，不透明，边缘不整齐，淡土黄色，表面稍皱缩，无光泽（图1-11）。病原菌种群具有丰富的遗传多样性，不同地区的病原菌种群存在明显的遗传多样性与致病力差异，生长温度范围为5～35℃，暴露在50℃以上的环境则会死亡。

病原菌分布在世界上气候温暖的地区，寄主范围广泛，可以侵染包括甘

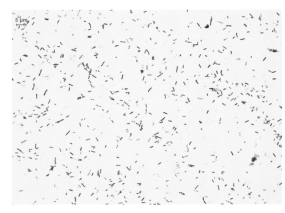

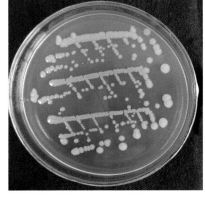

图1-10　病原菌在显微镜下的形态　　　　图1-11　病原菌在PDA上培养特征

薯、马铃薯、水稻、玉米、大豆、菠萝、非洲紫罗兰、香蕉、菊花、兰花、胡萝卜和番茄等50余种植物，被列入《中华人民共和国进境植物检疫性有害生物名录》（2007年），被认为是分子植物病理学中十大植物致病细菌之一。

发病规律

病原菌主要经由寄主的伤口侵入，无法长期在土壤中存活，但可在植物残骸、杂草或其他植物的根圈中存活。因此，初侵染源主要为病薯、病蔓、田间灌溉水及受污染的农事工具，而一些症状不明显的薯块、茎枝则为次侵染源，并通过甘薯块根和种苗调运进行远距离传播。

温暖潮湿的气候和低氧的条件有利于发病，温度低于27℃时为潜伏感染，温度在30℃及以上时发病速度加快。田间条件对发病具有显著的影响。当条件适合时，受侵染的植株和薯块在几天内全部腐烂；如果条件不适合，受侵染的植株仅仅1 ~ 2个枝条解离腐烂，薯块形成木栓化的病斑。室内接种甘薯茎腐病的最佳发病条件是病原菌浓度为10^8 CFU/mL、温度为30℃、湿度为90%以上。若田间地膜覆盖种植甘薯，遭遇高温高湿极易引起茎腐病的暴发及大面积流行，造成严重的产量损失，因此，在南方薯区种植夏秋薯不建议覆盖地膜。此外，病原菌常常与甘薯根腐病的病原菌腐皮镰孢菌 [*Fusarium solani* (Mart.) Sacc.] 相互作用共同侵染甘薯。

防治方法

（1）**严格检疫**　达旦提狄克氏菌为我国检疫性有害生物，所以，在调用种薯和薯苗前，一定要进行严格检疫，确认无本病后，方可进行调运。

（2）农业防治

① 选用抗病品种。不同品种间甘薯块根抗性差异显著，种植广薯87、Centennial 和 Porto Rico 等抗病品种，可有效地减少病害损失。

② 无菌种苗。无病地作繁苗地，用健康、无病种薯进行排种育苗，高剪苗种植无菌薯苗。

③ 田间管理。发病田块要实行非寄主作物轮作；选用地势高、排灌方便地块；采取高畦栽培方式，防止田间积水；种植管理收获各个阶段都要避免造成创伤；如遇到发病，应及时铲除病薯和病土，同时对挖除病株的地点撒施生石灰。

（3）化学防治 播种和扦插前用2％春雷霉素水剂800～1 000倍液和80％多菌灵水分散粒剂500倍混合液，或者选用0.3％四霉素水剂200～300倍液浸泡种薯和薯苗3～5min；一般在发病前或发病初期进行田间喷药，用80％乙蒜素乳油1 500倍液淋根、或者2％春雷霉素水剂800～1 000倍液和80％多菌灵500倍液混合液淋根或者泼浇，具有较好的防治效果。此外，亦可采用86.2％氧化亚铜可湿性粉剂1 000倍液、20％噻菌酮500倍液或20％噻菌酮可湿性粉剂500倍液进行浸苗和喷药处理。

1.2　甘薯瘟病

分布与危害

甘薯瘟病（Bacterial wilt）又称甘薯青枯病、细菌性枯萎病，是由茄科雷尔氏菌 [*Ralstonia solanacearum*（Smith）Yabunchi et al.] 引起的一种细菌性病害，曾是我国南方薯区甘薯生产上危害极大的病害，属国内检疫范畴的甘薯病害。该病于1940年在广东省信宜县初次发生，随后在广西、湖南、江西、福建和浙江等省（自治区、直辖市）先后出现，该病造成的损失为30％～40％，重者减产70％～80％，甚至绝收。长期以来，甘薯新品种只有具备抗甘薯瘟病才能通过审定和推广应用，从而有效地遏制了甘薯瘟病的危害和大面积暴发。但是近年来对品种的甘薯瘟病抗性不再强制要求，因此，随着感病品种如普薯32大面积种植，在南方薯区甘薯瘟病危害逐渐抬头，又重新成为甘薯生产的一个潜在威胁。该病仅发生在我国，在其他国家和地区均未见报道。

症状

从育苗到结薯期均能发生，主要症状为病苗植株叶片萎蔫（图1-12，图1-13），薯苗的不定根易折断，病株多数须根水渍状（图1-14），维管束变黄褐色（图1-15），后期叶子枯萎，地下茎部枯死或全部腐烂发臭，继而茎叶干枯

图 1-12　甘薯瘟病大田发病状

图 1-13　患病植株萎蔫症状

图 1-14　病株须根水渍状，易折断

图 1-15　病株维管束黄褐色

变黑，全株枯死，叶子仍然挂在茎上不落。

　　感病薯块初期症状不明显，从外表不易识别是否感病，若剖视薯块纵切面时，可看到维管束变淡黄色或褐色至全黑色，并呈条纹状，若剖视病薯块横切面，可看到维管束组织为一小淡黄色或褐色斑点，并有刺鼻臭辣味，不易煮熟，随着病情的发展，病薯终至腐烂，带有刺鼻臭味（图1-16，图1-17）。

图 1-16　薯块发病症状及早芽

图 1-17　病薯横切面，维管束组织为褐色斑点

病原

病原菌为茄科雷尔氏菌（*R. solanacearum*），同物异名：青枯假单胞菌（*P. solanacearum*）和甘薯端毛杆菌（*P. batatae* Tseng and Fan）。我国科学家自1953年开始对甘薯瘟病的病原菌进行分离鉴定，曾经一度认为病原菌是甘薯黄色杆菌（*Xanthomonas batatae* Hwang et al.）、广西芽孢菌（*Bacillus kwangsinensis* Hwang et al.）和甘薯端毛杆菌等3种细菌，直到1983年才最终确认引起甘薯瘟病的病原菌为茄科雷尔氏菌。

茄科雷尔氏菌为革兰氏阴性菌，好氧棒状杆菌，菌体大小为 (0.57 ~ 0.76)μm × (1.13 ~ 1.66)μm。病原菌生长最适温度为27 ~ 34℃，最低温度为20℃，最高温度为40℃，致死温度为53℃（10min）。在PDA培养基上，菌落呈污白色不规则形或近圆形（图1-18），电镜观察病原菌为杆状菌，有极生鞭毛，两端钝圆或尖圆（图1-19）。寄主范围广泛，可侵染54个科的450余种植物，是许多农作物及经济作物生产上的重要限制因子。

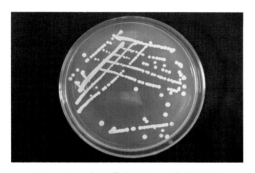

图1-18　病原菌在PDA上培养特征

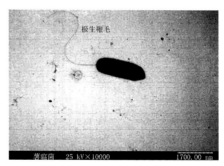

图1-19　病原菌在电镜下的形态
（引自刘中华等，2011）

甘薯瘟病病原菌对烟草不致病，对花生和多数茄科作物包括番茄、马铃薯、茄子和青椒等具有很强的致病力。根据其寄主范围可划分为青枯菌生理小种Ⅰ。依据对3种双糖和3种己醇的氧化利用以及脱氮作用，甘薯瘟病病原菌又属于生化型Ⅳ。甘薯薯瘟病病原菌不同菌株间致病力差异较大，通过依据病原菌对不同甘薯鉴别品种的致病力强弱，把病原菌划分为2个、3个或者5个等菌系群。由于不同的研究者所使用的甘薯鉴别品种和划分方法不尽相同，因此对于病原菌致病力的测定及菌系的划分至今没有统一结果。最新报道是以抗感较为稳定的新种花、金山57和湘薯75−55作为鉴别寄主，将福建的甘薯瘟病病原菌划分为3个菌系群，所有菌株经PCR检测，均为青枯菌演化型Ⅰ型，即亚洲分支菌株。

发病规律

甘薯瘟病作为土传病害。病原菌广泛存活于病土、病苗和病薯中。因此，病土、病苗、病薯是本病的主要初侵染源，而远距离传播是通过带菌种薯和种苗的调运。此外，田间灌溉水和含有病残体的堆肥也是主要的传播媒介。病原菌经由伤口侵入甘薯根颈部，或下雨时溅上叶片的带菌土壤由气孔侵入感染，发病植株可由根部释放大量的病原菌到土壤，感染邻近健康植株根部。病原菌进入维管束组织，在导管及相邻组织内迅猛增殖和广泛散布，从而导致输水导管的阻塞和破坏并最终导致甘薯植株枯死。

甘薯瘟病在温度为20 ~ 40℃，相对湿度为80%时都可发生，最适发病温度为27 ~ 28℃。高温多湿天气、雨后放晴，易暴发。不同地区的发病时期及最适发病条件略有差异。在广东信宜4 ~ 11月均可发病，但以10月发病最盛；在广西岑溪和北流每年5月上中旬开始发病，10月中旬以后逐渐停止，此间平均气温为24.4 ~ 28.3℃，平均相对湿度为79% ~ 86%；在福建发生时期为5 ~ 10月，7 ~ 8月是发病高峰期，平均温度为23 ~ 28℃，发病最适气温为25 ~ 28℃。此外，甘薯瘟病的发生流行同天气、土壤湿度、耕作制度和品种抗性等因素也有关，特别是时晴时雨的天气有利病害发生，薯地低湿、土壤黏重、偏酸，或薯地连作、偏施氮肥、串灌水等皆易发病，耕作制度及栽培管理不善也可促进甘薯瘟病流行。

防治方法

（1）**严格检疫**　严格执行植物检疫法规，近年来，该病危害有所抬头，因此必须禁止病区种薯种苗向非病区调运种植。引种种植必须隔离试种，证明确实不带病的，方可分散种植。

（2）**农业防治**

①培育和选用抗病品种。甘薯品种间存在着明显的抗病性差异，长期以来，我国一些省份将抗甘薯瘟病作为新品种审定的必备条件。目前生产上推广应用的甘薯品种多为抗病品种，有效地遏制了该病害的发生，然而抗病品种在老病区种植3 ~ 7年便丧失抗性，因此，生产上合理布置应用抗病品种尤为重要。近几年在生产上推广的抗病品种有广薯87、龙薯9号、徐薯22、广紫薯8号和商薯19等。

②田间管理。挑选无病的种薯种苗；实行轮作改种，避免与茄科等易发生青枯病的植物轮作；及时处理病株和病薯，发现病株，立即拔除深埋，撒石灰粉和石硫合剂处理病株附近土壤；土壤暴晒、熏蒸，或者施用石灰硫黄合剂

和茶子饼等。

（3）**化学防治** 剪蔓工具用75%酒精消毒处理；硫酸铜500倍液或石灰水400倍液浸苗或浇灌，具有一定的效果。亦可参照甘薯茎腐病防治方法。

1.3 甘薯痘病

分布与危害

甘薯痘病（Streptomyces soil rot or Pox），也称为土腐病、链霉菌痘病等，由甘薯链霉菌 [*Streptomyces ipomoeae* (Person & Martin) Waksman & Henrici] 引起，广泛分布在美国和日本甘薯主产区。该病的发生引起甘薯薯块产量降低和品质变差，多年来，该病对美国新泽西州、马里兰州、路易斯安那州、北卡罗来纳州和加利福尼亚州的甘薯生产造成了重大的损失。目前我国没有此病害的研究报道，但是近年在我国多地发现疑似症状，但未经分离鉴定研究。因此对于该病的防治决不能有丝毫麻痹大意。

症状

甘薯植株的地上部分症状表现为植株生长受阻，叶片表现为小叶、颜色变淡或呈褐色，开花提早。发病重的植株可能最终死亡，颗粒无收。病斑多出现在茎基部，病斑呈黑色，干缩结痂，偶尔可形成环形病斑。如果病原菌较早侵染，可使植株形成环剥。

病原菌能够侵染甘薯的须根、薯块和柴根等所有地下部分。在天气干燥的条件下，甘薯的生长期都可发病，受侵染的不定根常常发生腐烂，在田间幼苗生长迟缓或者缺苗断垄（图1-20）。柴根呈现不同大小和形状的深黑色病斑。须根具有黑色病斑，很容易被折断。薯块上的病斑通常被称为"痘"。被侵染的薯块表面形成圆形或不规则形、黑色坏死的斑点，通常结痂或者表面开裂。病斑直径一般＜3cm，深度＜5mm。块根在病斑部收缩凹陷，收获后病斑不扩展，有时病斑下面的组织部分愈合（图1-21）。当薯块早期被侵染，侵染部分停止生长，终致薯块畸形（图1-22）。有些甘薯品种表现为薯块表皮粗糙的症状（图1-23）。甘薯病斑周围

图1-20 甘薯痘病苗期症状

9

呈锯齿状，或有狭窄的限制扩展带，或形成哑铃状（图1-24）。

图1-21　病薯根部症状

图1-22　病薯缢缩和痘状病斑

图1-23　患病薯块表皮粗糙的症状

图1-24　患病薯块典型症状

（引自Clark et al.，2013）

病原

甘薯链霉菌（*Streptomyces ipomoeae*）为链霉菌属（*Streptomyces*）土传病菌，好氧，革兰氏阳性菌，形成3～10个椭圆形孢子丝，大小为（0.8～0.9)μm×（0.9～1.8)μm，细胞壁光滑。螺旋孢子丝有3～5μm的半径，具有钩和环，或1～2个圈。在PDA培养基上，菌落小而致密、干而不透明，幼时表面光滑、边缘整齐，气生菌丝最初为白色，随后变成蓝色，菌丝直径为0.8～0.9mm，但是没有其他链霉菌属所特有的泥土味。病原菌生长缓慢，产生的孢子螺旋丝被认为是越冬结构（图1-25）。由于病原菌生长缓慢，且容易遭到其他微生物污染，所以很难从发病薯块和组织进行分离培养，但是能够从早期侵染的不定根病健交接处进行分离。该病原菌除了可以侵染甘薯外，还可以侵染其他旋花科植物。

发病规律

该病害为土传病害，必须防止病原菌传入和避免初侵染源的积累。病原物可以通过被病原菌污染的种薯种苗、土壤、工具和车辆等进行传播，也可以通过风和流水进行传播。病原菌进入土壤后，直到出现寄主和适合感染的条件才具有活性。受病原菌污染的土壤很难根除。干燥温暖的天气以及土壤pH5.2以上适合病害发生。

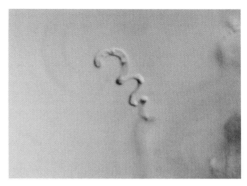

图1-25　病原菌产孢菌丝在电镜下的形态
（引自 Clark et al.，2013）

当土壤温度高于20℃时，病原菌开始侵染须根。较大的薯块能够抵抗病原菌直接侵染。该病原菌在土壤中可存活多年，可通过多年不种植甘薯或降低土壤pH减少该病的发生与危害。

防治方法

（1）**严格实行检疫**　非病区田块的预防尤为重要，在甘薯栽培过程中避免使用携带病区土壤的设备、箱子、车辆、牲畜、粪便或种薯种苗，以防止将被病原菌污染的土壤带到新的田块或无病区。该病害至今在我国没有报道，检疫部门应加强来自疫区甘薯的检验检疫。

（2）**农业防治**

①抗病品种的应用。利用抗病品种是防治该病最有效的措施之一，在美国和日本已广泛利用抗病品种，抗性表现持久，未发现病原菌的生理小种。

②栽培管理。甘薯同其他作物进行合理轮作；选择健康无病甘薯种苗和种薯；避免土壤干燥，及时浇水灌溉，早期灌溉可有效阻止病原菌侵染不定根，减少发病率，增加产量。在土壤pH≤5.2时，该病危害减轻，因此，此病发生严重的地块不适用应用石灰。

（3）**化学防治**　利用氯化苦对土壤进行消毒，对一些发病严重田块并不能杜绝甘薯痘病的发生，能够在一定程度减轻病害程度。

1.4　甘薯细菌性黑腐病

分布与危害

甘薯细菌性黑腐病，又称黑腐病（Bacterial black rot），是由胡萝卜软腐果胶杆菌（*Pectobacterium carotovorum*）（胡萝卜软腐欧文氏菌 *Erwinia carotovora*）引起的甘薯细菌性病害。1990年在我国福建首先被报道且危害严重，1998年在美国发现由相同病原菌引起的甘薯病害，但在田间危害不严重，除此之外未见其他国家报道。1990年在福建莆田、惠安和晋江等县市部分地方暴发成灾。1997年在福建连城县的春种甘薯上发生流行，至2002年连城县发病面积达200hm²以上，其中100hm²病株率在20%以上，因病害毁掉改种1.23hm²，严重影响了连城县甘薯产业的发展，成为制约甘薯生产的瓶颈问题。一般受害损失30%～40%，重者达80%以上，甚至绝收。鉴于该病发病症状与甘薯茎腐病诸多相似，部分学者将该病害与甘薯茎腐病视作同一种病害，但是本书根据病原菌不同，进行分开介绍。

症状

黑腐病是一种发生早、流行快、死株率高、损失惨重的病害。大田发根长苗期始见病株，薯苗茎部自下而上突然变黑软腐、烂倒死亡。叶片呈水渍状暗绿色至黄褐色（图1-26）。根茎维管束组织有明显的黑色条纹，髓部消失成空腔，并有恶臭。在分枝结薯期若遇台风暴雨，病斑从茎伤口处沿上下扩展，致使茎部呈暗褐色至深黑色湿腐（图1-27），干缩时病茎常出现纵裂。发病后多数是整株枯死，有的只是1～2个枝条枯死；但是收获时病株及一些地上部无症状的植株，其拐头腐烂呈纤维状，薯块变黑软腐。

图1-26　甘薯黑腐病病株症状　　　　图1-27　病株典型的茎基部黑色软腐症状

病原

在我国，于20世纪80年代发现福建沿海薯区偶有甘薯细菌性黑腐病的危害，1991年方树民教授从病株和烂薯分离到致病细菌，初步鉴定为欧文氏杆菌属（*Erwinia*）。随后，2003 年鉴定为胡罗卜欧文氏菌（*Erwinia carotovora sp.*）。关于病原细菌的具体培养特征、生理生化特性以及所属哪个胡萝卜欧文氏菌亚种或者致病专化型均未见报道。直至 2015 年高波等在河北鉴定到由胡萝卜软腐果胶杆菌（*Pectobacterium carotovorum*）[胡萝卜软腐欧文氏菌（*Erwinia carotovora*）] 的两个亚种 *P. carotovorum* subsp. *carotovorum* 和 *P. carotovorum* subsp. *odoriferum* 引起甘薯细菌性软腐病。Clark 等 1998 年在美国路易斯安那州甘薯品种波嘎上分离并确认胡萝卜软腐欧文氏菌胡萝卜亚种 *E. carotovora* subsp. *carotovora* 能够引起细菌性根腐病，该病原菌对甘薯块根的毒性弱且仅在一个位点分离到，因此认为在美国甘薯产区该原病菌不能引起茎腐病。近年来，对细菌性黑腐病的病样进行病原菌分离鉴定，病原菌均为甘薯茎腐病病原菌 *Dickeya dadantii*，鉴于甘薯细菌性黑腐病和甘薯茎腐病症状的诸多相似性，部分学者认为 1990 年导致福建莆田、惠安和晋江等县市部分地方暴发成灾的甘薯细菌性黑腐病可能是甘薯茎腐病，因此，一些文献将甘薯细菌性黑腐病和茎腐病作为同一种病害，但是胡萝卜软腐果胶杆菌（*Pectobacterium carotovorum*）引起甘薯腐烂病的威胁仍然存在。

发病规律

该病具突然暴发成灾的危险性。与台风相关，每次台风过境，引起近土表茎基部摆动摩伤或枝条折断；造成大量伤口，病情发展快，症状表现急，出现了明显的枯萎高峰期。从枯萎分布看，丘陵地、红沙壤土、山口封口等类型田发生较重。但是低洼潮湿及易积水的田丘或地段，则地下部根腐和烂薯出现率高。

土壤中残存的病株是病害的初侵染源。土壤过湿和多雨天气有利病害发生流行。在甘薯栽种时遇过程性降雨造成土壤过湿，不利薯苗剪口伤愈，有利病原菌侵入，表现前期发病早、流行快。偏氮或过氮施肥及田间排水不良，是加快甘薯前期病害流行和增加死株的原因。

病原菌田间表现为寄生性弱，致病性强，侵入率高，病株死亡率高；甘薯生长后期病原菌侵入植株发病后，较少造成死株，分枝症状在主蔓节上终止，主蔓发病症状在长出分枝的节位上终止，因此对鲜薯产量不会构成威胁。

防治方法

参照甘薯茎腐病防治方法。

1.5 甘薯褐心病

分布与危害

甘薯褐心病（Bacterial inner brown），是由唐菖蒲伯克氏菌（*Burkholderia gladioli*）引起的，影响甘薯品质的细菌性病害。该病首先于2017年在广东省普宁市发现，田间发病地块有近1/3的薯块被侵染。该病对产量影响不明显，但是显著降低甘薯品质，发病薯块苦涩失去食用价值。广东甘薯产区两个主要栽培品种广薯87和普薯32均可发病，因此也要重视对该病害的防治。

症状

田间发病植株在地上部的症状不明显，茎枝能正常生长。症状主要表现在膨大根部，薯块表皮有黄晕，变黄部位常伴有轻微裂皮（图1-28，图1-29）。横切薯块，维管形成层处变为棕黄色或深褐色的一圈，病健交界处明显（图1-30）。随着病程发展，变色的维管形成层逐渐形成空洞，薯

图1-28 大田薯块褐心病发病症状

块表皮产生棕褐色斑点，对应的内部薯肉呈黑腐状并且呈向内扩展的趋势（图1-31，图1-32）。染病薯块煮不烂，食用有苦味。

病原

甘薯褐心病病原菌为唐菖蒲伯克氏菌（*Burkholderia gladioli*），属于肠杆

图1-29 患病薯块表皮呈黄晕状

图1-30 患病薯块维管形成层呈黄褐色一圈

图1-31　患病薯块表皮呈黑腐状　　　　　图1-32　患病腐烂薯块横切

菌科伯克氏菌属（*Burkholderia*）。该菌为革兰氏阴性菌，大小为（1.5 ～ 3.0）
μm×(0.3 ～ 0.5)μm。在营养琼脂平板（NA）上培养48h，菌落白色，圆形，
突起，边缘整齐，光滑不透明，并有明显的淡黄绿色扩散色素（图1-33），电
镜观察病原菌为杆状菌、有极生2根鞭毛，两端钝圆或尖圆（图1-34）。

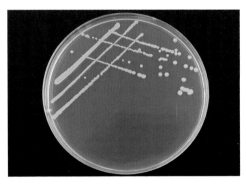

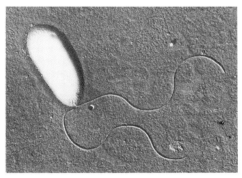

图1-33　病原菌在NA上产生毒黄素　　　　图1-34　病原菌在透射电镜下的形态
（引自Bald J G，1971）

　　由于*B. gladioli*与*B. glumae*、*B. cepacia*等其他伯克氏菌种在表型上具有
相似性，所以仅通过形态特征和生理生化特征不足以准确鉴定该病原菌，利
用16S和23S rDNA序列分析能快速将*B. gladioli*同多数相近种区分开。但*B.
gladioli*和*B. glumae*在16S rDNA序列上仍具有较高相似性，可用16S–23S
rDNA ITS序列加以区分。

　　该菌寄主范围广泛，包括水稻、洋葱、玉米等蔬菜粮食作物和多种花卉。
症状主要包括萎蔫、腐烂和形成干燥坏死病斑。根据不同的寄主范围，目前将
其分为*B. gladioli* pv. *Alliicola*、*B. gladioli* pv. *gladioli*、*B. gladioli* pv. *Agaricicola*
和*B. gladioli* pv. *cocovenenans* 4个致病型。

发病规律

病原菌在培养基上生长发育的最高温度为41℃，低于4℃时停止生长。pH为4 ~ 8时适宜生长，pH为9时停止生长。*B. gladioli*侵染根茎鸢尾会引发焦斑病。通常在湿润土壤温度为16℃左右时发生，土壤温度高于21℃则不会发病。该病在温度最高的月份发病率最高，秋季可能再次发病，春季发病则严重程度会降低。*B. glumae*和*B. gladioli*在高温条件下容易诱发水稻穗枯病，*B. gladioli*引起水稻穗枯病的最适温度为35 ~ 37℃。

毒黄素是伯克氏菌产生致病性的必要条件。*B. glumae*在37℃时产生较多毒黄素，而在温度低于28℃时不产生毒黄素。有些*B. gladioli*菌株也会产生毒黄素，这可能是导致薯皮泛黄、薯肉味苦的原因。但影响*B. gladioli*产生毒黄素的条件尚不清楚。

在根茎鸢尾焦斑病的研究中，病原菌借助染病植株的球茎或根进行传播，如通过收获时搬运和修剪接触感染健康植株，也可通过滋生大量病原菌的土壤和植物残骸传播。

防治方法

（1）**农业防治** 将染病植株挖出，集中运到远离种植点的地方进行销毁；保证干净健康的种苗远离来自其他植株的土壤、残骸；根部土壤要尽量少保留。

（2）**化学防治** 对于刚收获的根茎，通常用家用漂白水（有效成分为次氯酸钠或次氯酸钙）稀释后消毒处理；用于储存、运输的场地和工具也需要消毒。金属工具浸泡后需要用清水冲洗；植株材料浸泡后不需要用清水冲洗，因为浸泡会迅速失效，并且应当规律性地重复浸泡。亦可参照甘薯茎腐病的防治方法。

1.6　甘薯丛枝病

分布与危害

甘薯丛枝病（Little leaf or Withes' broom），又称甘薯小叶病、簇叶病、藤公和藤鬼等，是由植原体（Phytoplasma）引起的一种甘薯病害。1951年日本首先报道发生，目前该病广泛分布于我国、日本、印度尼西亚、韩国、马来西亚和巴布亚新几内亚等亚洲和太平洋岛国。在我国，20世纪60年代最早在福建南部沿海薯区星散发生，到70年代曾多次在沿海部分县出现大面积的发生，流行成灾，造成严重减产。目前，该病在我国台湾、广东和福建等省份均有发生，其中在福建多达50个县（市）发生，是福建沿海部分薯区生产上一个重要的问题。一般发病率为10%左右，有的高达80%以上。结薯前发病的植株，多数不结薯，可造成绝收；结薯后发病的植株，一般要减产50%～60%。

症状

甘薯感病后，植株矮化，节间缩短，呈半直立状；侧枝丛生，叶片薄而细小，缺刻增多，如烫发状，俗称"电头发"，病叶往往为正常叶片的15%～20%大小或者更小（图1-35）。有的叶片大小改变不大，但叶面粗糙、皱缩，叶片增厚。有的叶片叶缘还会向上卷（图1-36）。地下部侧根、须根多而细，苗期发病者不

图1-35 甘薯丛枝病大田发病状

能结薯或生小薯，呈柴根型。结薯后发病者，薯块生长缓慢，甚至停止生长，薯形小，薯块表面粗糙，有疙瘩状隆起（图1-37），薯肉乳汁减少，颜色加深，薯肉煮不烂，有硬心，易腐烂。此外，该病的潜育期较长，田间常常存在无病状带毒薯蔓的"隐潜苗"。

图3-36 患病植株叶片向上卷曲

图3-37 患病薯块小且表面粗糙

病原

国际上公认的病原为一个或多个植原体，曾称作类菌原体（Mycoplasma like organism，MLO），也有研究者认为是由一种属于马铃薯Y病毒组的线

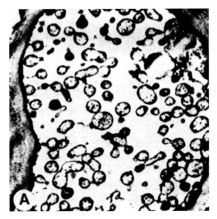

图1-38　甘薯类菌原体在电镜下的形态
（引自Jackson et al., 1983）

状病毒和类菌原体复合感染所致。甘薯植原体基因组大小为600kb。通过电镜观察，发病甘薯植株韧皮部的菌体形态呈圆形、椭圆形、线性和哑铃状等形状（图1-38），其大小为（100～500)nm×（350～1 400)nm，外表包围着单位膜，厚度为7.5～9.0nm。一些菌体内部含纤维状的DNA和颗粒状的核糖核蛋白体的相似结构，而有些菌体通过延伸出芽管状物侵蚀、穿透细胞壁。病原的寄主广泛，在所罗门群岛 *Ipomoea indica* 、*Ipomoea triloba* 和 *Merremia pacifica* 等3个野生种能够发生丛枝病，这些野生种可能是病原的潜在侵染源。该病的潜伏期较长，通过嫁接接种甘薯后潜伏期可长达283d，因此对于隐潜苗的检测就显得十分重要，现已建立了有效的PCR检测方法。

发病规律

传播媒介为叶蝉，但不同地方传毒叶蝉种类不同，在日本、所罗门群岛等国家为 *Orosius lotophagorum*（Kirkaldy）subsp. *ryukyuensis*，在我国福建为琉球网室叶蝉（*Nesophrosyne ryukyuensis*），在台湾为南斑叶蝉（*Orosius orientalis*）。此外，调查发现粉虱、蚜虫、红蜘蛛和蓟马等薯田的害虫与丛枝病有一定关系，这些害虫大发生，丛枝病发病严重。

初侵染源是带菌的病、薯病苗和隐潜苗等，病苗或隐潜苗栽到大田即可发病，造成严重减产，带菌种薯种苗特别是无症状的隐潜苗是远距离传播主要途径。在我国福建越冬的带毒琉球网室叶蝉也是翌年早薯发病的初侵染源。此外，欧洲菟丝子也能传播甘薯丛枝病。肥水条件差的旱地发病重，肥水条件好的水田或黏质地发病较重，连作地比轮作地发病重，早栽的比迟栽的发病重。

防治方法

采取以健康种薯种苗为中心的综合防治措施控制病害的发展。

（1）农业防治

①利用抗病品种。近年，对于该病的研究报道较少，已知的抗病品种多为老旧品种有禺北白、惠红早、潮薯1号等。也有研究表明，虽然发现有些品种具有抗性，但不能应用到所有地区，认为利用品种抗性不是防治该病主要措施。

②健康种苗。采用0.5mm以下茎尖培养获得脱毒种苗，在无病薯苗基地，繁育脱毒健康种薯种苗。目前，利用脱毒健康种薯种苗是防控该病最重要手段之一。

③栽培管理。选择可靠来源的健康种苗，禁止调入病区的种薯种苗；及时拔除苗地与大田病株，减少初侵染源；甘薯野生种多为感病株，应清除苗圃或大田周围的野生种；适时施肥灌水，使植株生长旺盛，提高抗病能力；连作重病地实行轮作；花生或大豆与甘薯套种也可减轻危害。

（2）化学防治　定期调查粉虱、蚜虫、叶蝉等虫情，适时喷施20%甲氰菊酯乳油1 500～2 000倍液、10%吡虫啉可湿性粉剂3 000倍液进行防治。利用浓度为$4×10^{-4}$的土霉素溶液处理病株，可使感病新种薯的新叶趋于正常，不再丛生侧枝，块根单株产量也最高，可达健株（对照）的89.0%。此外，采用四环素处理甘薯苗也有一定的防治效果。

参考文献

陈景耀，陈孝宽，凌开树，等，1985.甘薯丛枝病的综合治理研究[J].福建农业科技(6):17-20.

陈景耀，李开本，柯冲，1985.菟丝子传递甘薯丛枝病研究初报[J].植物病理学报，15(3): 177-180.

陈永置，薛宝娣，吴沈英，1987.甘薯、仙人掌、芝麻丛枝病病原物的电镜观察[J].南京农业大学学报(1): 127-128.

方树民，俞海青，1991.甘薯(瘟)青枯菌致病类型及分布的研究[J].植物保护学报，18(2): 127-132.

方树民，1982.甘薯瘟病菌的分离与致病性测定[J].福建农业科技(3): 28-30.

方树民，1983.甘薯瘟病菌致病力变异的初步研究[J].福建农学院学报，12(2): 159-164.

方树民，1991.福建省部分地区发生甘薯细菌性黑腐病[J].植物保护，17(5):52.

高波，王容燕，马娟，等，2015.河北省甘薯茎腐病研究初报[J].植物保护，41(3): 119-122.

黄立飞，陈景益，房伯平，等，2018.甘薯茎腐病菌的遗传多样性及致病力差异分析[J].植物保护学报，45(6):1227-1234.

黄立飞，罗忠霞，邓铭光，等，2011.甘薯新病害茎腐病的识别与防治[J].广东农业科学(7): 95-96.

黄立飞，罗忠霞，房伯平，等，2011.我国甘薯新病害——茎腐病的研究初报[J].植物病理学报，41(1): 18-23.

黄立飞，罗忠霞，房伯平，等，2014.甘薯茎腐病的研究进展[J].植物保护学报，41(1): 118-122.

黄立飞，黄实辉，邓铭光，等，2011.甘薯茎腐病病原细菌室内药剂筛选[C]//中国植物病理学会.中国植物病理学会2011年学术年会论文集.

黄亮，陈育新，黄鸿元，1956.甘薯瘟防治研究的初步报告[J].植物病理学报(2): 97-114.

黄亮，陈育新，黄鸿元，等，1962.甘薯瘟病原细菌的比较研究[J].植物保护学报，2(1): 75-84.

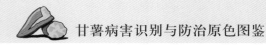

黄亮，何有乾，1964. 甘薯瘟的发生为害和防治[J]. 植物保护(5): 216-218.

江苏省农业科学院，山东省农业科学院，1984. 中国甘薯栽培学[M]. 上海：上海科学技术出版社.

柯冲，陈景耀，陈孝宽，等，1985. 福建甘薯丛枝病的调查和电镜观察[J]. 福建农业科技(1):1-5.

赖文昌，卢同，张联顺，等，1987. 福建省甘薯瘟病菌致病性分化及其应用研究[J]. 福建省农业学报，2(2): 29-34.

赖文昌，1980. 国内甘薯瘟病的研究情况及今后研究途径[J]. 福建农业科技(1): 59-63.

兰平，李文凤，朱水芳，等，2001a. 热处理结合茎尖培养去除甘薯丛枝病植原体[J]. 西北农林科技大学学报，29(3): 1-4.

兰平，李文凤，朱水芳，等，2001b. 甘薯丛枝病植原体的PCR检测[J]. 植物学通报，18(2): 210-215.

李开本，陈景耀，柯冲，1987. 四环素浸渍处理甘薯丛枝病病苗试验和电镜观察[J]. 福建省农科院学报，2(2): 84-87.

刘中华，蔡南通，王开春，等，2009. 福建省甘薯主要病害发生现状与研究对策[J]. 福建农业科技(2): 65-66.

刘中华，余华，方树民，等，2011. 甘薯瘟两种不同致病型的初步研究[J]. 福建农业学报，26(6): 1016-1020.

刘中华，余华，方树民，等，2014. 甘薯瘟田间自然诱发鉴定及系统聚类分析[J]. 江西农业大学学报，36(5): 1066.

卢同，种藏文，王长方，等，1996. 甘薯青枯菌的生理小种研究[J]. 福建省农科院学报，11(1): 36-40.

罗克昌，李云平，2004. 防治甘薯黑腐病的药剂筛选与使用方法试验[J]. 福建农业科技(2):41-42.

罗克昌，李云平，陈路招，等，2003. 甘薯细菌性黑腐病发生流行的研究[J]. 福建农业科技(5): 35-37.

罗忠霞，房伯平，张雄坚，等，2008. 我国甘薯瘟的研究历史与现状[J]. 广东农业科学(S): 71-74.

欧阳曙，王瑞珍，郑晓英，1984. 甘薯茎尖培养及丛枝病病原的消除[J]. 福建农业科技(2): 19.

秦素研，黄立飞，葛昌斌，等，2013. 河南省甘薯茎腐病的分离与鉴定[J]. 作物杂志(6): 52-55.

任欣正，韦刚，齐秋锁，等，1981. 不同寄主植物青枯菌菌株的比较研究[J]. 植物病理学报，11(4): 1-8.

沈肖玲，林钗，钱俊婷，等，2018. 甘薯茎腐病症状及其病原鉴定[J]. 植物病理学报，48(1): 25-34.

王金生，2000. 植物病原细菌学[M]. 北京：中国农业出版社.

谢联辉，林奇英，刘万年，1984. 福建甘薯丛枝病的病原体研究[J]. 福建农学院学报，13(1): 85-88.

张鸿，刘中华，林志坚，等，2017. 福建甘薯薯瘟病菌致病型分布和甘薯抗病品种筛选[J]. 江苏师范大学学报(自然科学版)，35(4): 15-20.

张联顺，1994. 微机确定甘薯瘟致病型的鉴别品种及应用研究[J]. 福建省农科院学报，9(3): 11-15.

郑冠标，范怀忠，1962. 甘薯细菌性枯萎(甘薯瘟)病原细菌的鉴定[J]. 植物保护学报，3(1): 243-253.

中国科学院上海生物化学研究所，福建省龙溪地区农业科学研究所甘薯丛枝病研究小组，

1978. 甘薯丛枝病病原体的电镜观察[J]. 自然杂志, 1(6): 344.

中国农业科学院植物保护研究所, 中国植物保护学会, 2015. 中国农作物病虫害[M]. 3版. 北京: 中国农业出版社.

Agrios G N, 2005. Plant Pathology(5th ed.)[M]. Elsevier Burlington, MA, Academic Press.

Ames T, Smit N E J M, Braun A R, et al., 1997. Sweetpotato: major pests, diseases and nutritional disorders[M]. Peru: The International Potato Center (CIP).

Bald J G, 1971. Scorch disease of rhizomatous iris[J]. California Agriculture(2): 6-7.

Bauernfeind A, Schneider I, Jungwirth R, et al., 1998. Discrimination of *Burkholderia gladioli* from other *Burkholderia* species detectable in cystic fibrosis patients by PCR[J]. Journal of Clinical Microbiology, 36(9):2748-2751.

Baxter I A, Lambert P A, Simpson I N, 1997. Isolation from clinical sources of *Burkholderia cepacia* possessing characteristics of *Burkholderia gladioli* [J]. Journal of Antimicrobial Chemotherapy, 39(2):169-175.

Clark C A, Ferrin D M, Smith T P, et al., 2013. Compendium of sweetpotato diseases, pests, and disorders[M]. St. Paul: The American Phytopathological Society Press.

Clark C A, Holmes G J, Ferrin D M, 2009. Major fungal and bacterial disease[M]. // Loebenstein G, Thottappilly G. The Sweetpotato. Dordrecht: Springer Netherlands: 81-103.

Clark C A, Hoy M W, Bond J P, et al., 1998. First report of *Erwinia carotovora* subsp. *carotovora* causing bacterial root rot of sweetpotato (*Ipomoea batatas*) in Louisiana[J].Plant Disease, 82(1):129.

Clark C A, Moyer J W, 1988. Compendium of sweet potato diseases[M]. St. Paul: The American Phytopathological Society Press.

Clark C A, Wilder-Ayers J A, Duarte V, 1989. Resistance of sweet potato to bacterial root and stem rot caused by *Erwinia chrysanthemi*[J]. Plant Disease, 73(12): 984-987.

Coenye T, Gillis M, Vandamme P, 2000. *Pseudomonas antimicrobica* Attafuah and Bradbury 1990 is a junior synonym of *Burkholderia gladioli* (Severini 1913) Yabuuchi et al. 1993[J]. International Journal of Systematic & Evolutionary Microbiology, 50(6): 2135-2139.

Duarte V, Clark C A, 1993. Interaction of *Erwinia chrysanthemi* and *Fusarium solani* on sweetpotato[J]. Plant Disease, 77(7): 733-735.

Duarte V, Clark C A, 1992. Presence on sweet potato through the growing season of *Erwinia chrysanthemi*, cause of stem and root rot[J]. Plant Disease, 76(1): 67-71.

Furuya N, Ura H, Iiyama K, et al., 2002. Specific oligonucleotide primers based on sequences of the 16S-23S rDNA spacer region for the detection of *Burkholderia gladioli* by PCR[J]. Journal of General Plant Pathology, 68(3): 220-224.

Gao B, Wang R Y, Chen S L, et al., 2016. First Report of *Pectobacterium carotovorum* subsp. *carotovorum* and *P. carotovorum* subsp. *odoriferum* causing bacterial soft rot of sweetpotato in China[J]. Plant Disease, 100(8): 1776.

He L Y, Sequeira L, Kelman A, 1983. Characteristics of strains of *Pseudomonas solanacearum* from China[J]. Plant Disease, 67:1357-1361.

Hildebrand D C, Palleroni N J, Doudoroff M, 1973. Synonymy of *Pseudomonas gladioli* Severini 1913 and *Pseudomonas marginata* (McCulloch 1921) Stapp 1928[J]. International Journal of Systematic Bacteriology, 23(4):433-437.

Huang L F, Fang B P, Luo Z X, et al., 2010. First report of bacterial stem and root rot of sweetpotato caused by a *Dickeya* sp. (*Erwinia chrysanthemi*) in China[J]. Plant Disease, 94(12): 1503.

Jackson G V H, Zettler F W, 1983. Sweet Potato Witches' Broom and Legume Little-Leaf Diseases in the Solomon Islands[J]. Plant Diseases, 67:1141-1144.

Jiao Z Q, Kawamura Y N, Yang R F, et al., 2003. Need to differentiate lethal toxin-producing strains of *Burkholderia gladioli*, which cause severe food poisoning: Description of *B. gladioli* pathovar *cocovenenans* and an emended description of *B. gladioli*[J]. Microbiology & Immunology, 47(12): 915-925.

Nandakumar R, Shahjahan A K M, Yuan X L, et al., 2009. *Burkholderia glumae* and *B. gladioli* cause bacterial panicle blight in rice in the southern United States[J]. Plant Disease, 93(9): 896-905.

Samson R, Legendre J B, Christen R, et al., 2005. Transfer of *Pectobacterium chrysanthemi* (Burkholder et al. 1953) Brenner et al. 1973 and *Brenneria paradisiaca* to the genus *Dickeya* gen. nov. as *Dickeya chrysanthemi* comb. nov. and *Dickeya paradisiaca* comb. nov. and delineation of four novel species, *Dickeya dadantii* sp. nov., *Dickeya dianthicola* sp. nov., *Dickeya dieffenbachiae* sp. nov. and *Dickeya zeae* sp. nov[J]. International Journal of Systematic and Evolutionary Microbiology, 55(4): 1415-1427.

Schaad N W, Brenner D, 1977. A bacterial wilt and root rot of sweet potato caused by *Erwinia chrysanthemi*[J]. Phytopathology, 67: 302-308.

Summers E M, 1951. "Ishuku-byo" (dwarf) of sweet potato in Ryukyu Islands[J]. Plant Diseases Reporter, 35:266-277.

Yabuuchi E, Kosako Y, Oyaizu H, et al., 1992. Proposal of *Burkholderia* gen. nov. and transfer of seven species of the genus *Pseudomonas* homology group II to the new genus, with the type species *Burkholderia cepacia* (Palleroni and Holmes 1981) comb. nov[J]. Microbiology & Immunology, 36(12): 1251-1275.

Young J M, Dye D W, Bradbury J F, et al., 1978. A proposed nomenclature and classification for plant pathogenic bacteria[J]. New Zealand Journal of Agricultural Research, 21(1):153-177.

Zhang L M, Wang Q M, Wang Q C, 2009. Sweetpotato in China[C]//. Loebenstein G, Thottappilly G, et al. The Sweetpotato. Spinger Netherlands: 325-358.

Zhang X X, Chen J Y, Wang Z Y, et al., 2020. *Burkholderia gladioli* causes bacterial internal browning in sweetpotato of China[J].Australasian Plant Pathology, 49(2): 191-199.

第2章
甘薯真菌病害

2.1　甘薯黑斑病

分布与危害

　　甘薯黑斑病（Black rot），又称黑症病，亦称黑脚、黑膏药、黑疤病、黑疗等，是一种毁灭性病害，是造成甘薯烂窖、烂床、死苗的主要原因。甘薯黑斑病在世界各地甘薯产区均有发生，首先于1890年在美国发现，1919年传入日本，1937年传入我国辽宁，1942年又传入我国华北地区；早年间我国福建、广东等省份沿海渔民和侨民从国外引种甘薯也带进了黑斑病。甘薯黑斑病是北方春夏薯区常见的三种主要病害之一，到目前为止，我国各甘薯产区都有此病发生，也是造成贮运过程中烂薯的典型病害（图2-1）。据统计，因黑斑病引起的贮藏期烂窖估计每年全国损失鲜薯5%～10%，严重时损失达20%～50%。

　　近年，由于甘薯产业发展过程中种薯种苗的频繁调运和检疫手段的不完

图2-1　黑斑病薯块典型症状

善，各地区甘薯病虫害种类发生了变化。2009年调查数据显示，在北方，黑斑病发病最严重的省份是河北，山东、江苏、河南、安徽发病较为严重；在长江中下游地区，发病最严重的省份是四川，湖北、湖南、浙江发病较为严重；南方省份中黑斑病发病较少，但有逐渐增加的趋势。

症状

　　甘薯黑斑病主要危害薯苗和薯块，在幼苗期、生长期和收获贮藏期均可

发生。

①幼苗期染病症状。地上部病苗叶黄不长。受侵染的幼芽基部产生圆形或梭形凹陷的小黑斑，以后逐渐纵向扩大，初期病斑上有灰色霉层（病菌无性态分生孢子及厚垣孢子），后逐步出现黑色刺毛状物（子囊壳）和黑色粉状物，直至茎基部变黑，严重时则环绕苗基部形成黑脚状，幼苗未出土即烂于土中，种薯和幼苗均变黑腐烂，造成烂床、死苗。

②生长期发病症状。移栽后的病苗严重者因不能扎根而枯死，病轻者在接近地面处长出少数侧根，但生长衰弱，叶色发黄，遇干旱易枯死。病苗即使成活，结薯也少，产量极低。薯蔓上的病菌可蔓延到新结薯块上，病斑多生于薯块伤口处，黑色至黑褐色，圆形或不规则形，中央稍凹陷（图2-2），生有黑色刺毛状物及粉状物（图2-3），病斑下层组织黑绿色（图2-4，图2-5），含有莨菪素，薯肉味苦，人畜不可食用，家畜食用会引起中毒。

图2-2 贮藏薯块黑斑病后期症状

图2-3 病斑上产生灰色至黑色刺毛状物

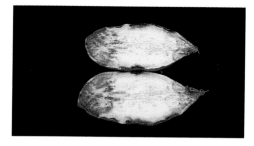
图2-4 黑斑病薯块纵切面

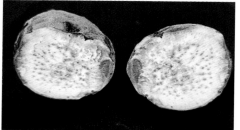
图2-5 黑斑病薯块横切面

③贮藏期病害症状。薯块病斑多发生在伤口和根眼上，初呈黑色小圆斑，以后病斑扩展，数个结合成不规则的病斑，轮廓清晰，分界明显。温湿度适宜时可产生灰色霉状物或散生黑色刺状物，病菌便会迅速繁殖。病斑后期产生黑霉并干缩，是一种干腐性病害。贮藏后期常与其他真菌、细菌病害并发，甚至

造成甘薯全部腐烂，导致烂窖。

病原

甘薯黑斑病病原菌为甘薯长喙壳（*Ceratocystis fimbriata* Ellis. et Halsted），属于子囊菌亚门核菌纲球壳菌目长喙壳科长喙壳属。最初菌丝体为透明无色，成熟后呈现深褐色或黑褐色，菌丝体寄生于寄主细胞间或偶有分枝伸入细胞内。有性阶段子囊壳为长颈烧瓶状，具长喙，子囊为梨形或卵圆形，内部含有子囊孢子，子囊孢子为钢盔状，单胞且无色，成熟后成团聚集在喙端（图2-6）。当菌丝成熟时即分化出分生孢子梗，分生孢子梗呈鞘状，内生分生孢子，孢子成熟后推射出鞘外。无性阶段产生内生分生孢子和内生厚垣孢子，其中，分生孢子杆状至哑铃状，单胞且无色；厚垣孢子近球

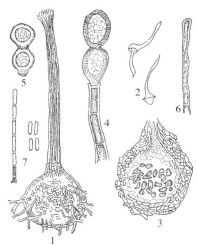

图2-6 甘薯长喙壳
（引自江苏省农业科学院，1984）

1.子囊壳 2.子囊孢子 3.子囊纵切面
4.厚垣孢子生成 5.厚垣孢子
6.分生孢子生成 7.分生孢子

形，单胞，厚壁，暗褐色（图2-6）。分生孢子形成后即可萌发侵染，但存活时间短。子囊孢子、厚壁孢子对不良环境条件的抵抗力较强，在表层土壤中可存活2年以上。

病菌在PDA上为淡褐色菌落（图2-7，图2-8），菌丝在黑暗、光照、光暗交替条件下均能生长，在黑暗条件生长最好。适宜的生长温度为9～36℃，

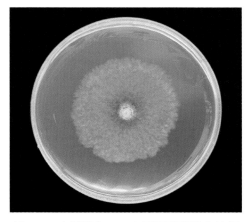

图2-7 病原菌在PDA上正面菌落形态特征

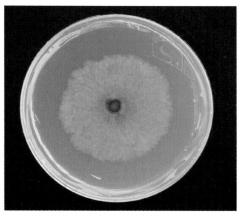

图2-8 病原菌在PDA上反面菌落形态特征

25

适宜生长的温度为25 ~ 30 ℃，病菌的致死温度为51 ~ 55 ℃（10 min）。病菌生长的pH为3.7 ~ 9.2，最适pH为6.6。在温度适宜、高湿多雨条件下发病严重。凡地势低洼、土壤黏重的地块发病重。病菌有生理分化现象，可分为强致病力株系和弱致病力株系，能够侵染牵牛花、月光花等多种旋花科植物。

发病规律

甘薯黑斑病病原菌以厚垣孢子、子囊孢子或菌丝体在薯块或土壤中病残体上越冬。带菌种薯和秧苗是主要初侵染来源。病菌附着于种薯表面或潜伏在种薯皮层组织内，育苗时，在病部产生大量孢子，传播并侵染附近的种薯和秧苗。带病薯苗插秧后导致土壤被污染以及大田发病，重病苗短期内即会死亡；轻病苗生根后病情得以缓解，在近土表的蔓上病斑易形成愈伤组织。病菌还可通过带有病残组织的土壤和肥料进行进行传播。此外，在收获贮藏期，病菌可借人、畜、昆虫、田鼠和农具等媒介传播。该病菌寄生性不强，主要从甘薯收刨、装卸、运输、挤压及虫兽伤害造成的伤口侵入，也可从薯块上芽眼、皮孔、根眼等自然孔口及其他自然裂口侵入，还可借助种薯或种苗的远距离调运传播。

致病菌侵染甘薯后，分泌纤维状物质并与可识别的寄主细胞壁紧紧固定，使侵入栓得以穿透植物细胞壁最终侵入寄主细胞。识别寄主后，病菌萌发产生芽管，迅速生长，扩大侵染。病菌在侵染过程中分泌毒素，杀死寄主组织再从中吸取养分，从而使寄主的组织结构和生理生化过程遭到破坏，引起寄主快速萎蔫，细胞组织广泛变为暗黑色，直至深褐色或黑色，最后坏死腐烂。甘薯受致病菌感染后，会产生对人、畜有毒性的物质，主要有甘薯酮、甘薯酮醇、甘薯宁和4–甘薯醇等。

防治技术

根据甘薯黑斑病的发病条件及传播途径，应以清除初侵染来源为前提、精选无病种薯为基础、培育无病壮苗为中心、安全贮藏为保证，实行以农业防治为主、药剂防治为辅的综合防治措施。

（1）农业防治

①选用抗病品种。在甘薯黑斑病的防治方法中，选育抗病品种是最为经济有效的防治手段。不同甘薯品种对黑斑病抗性差异很大，要因地制宜地引进与推广适合当地情况的抗病品种。

②合理轮作。甘薯与玉米、小麦、棉花、水稻等作物实行1 ~ 2年轮作，发病较重的地块进行水旱轮作或3年以上旱地轮作。

③消灭菌源。病薯、病苗是甘薯黑斑病的主要侵染来源。在生产中必须

控制种薯、种苗的调运，严格执行检疫制度，严禁从病区调运种薯。在日常管理中，应该抓住甘薯育苗、栽植、生长、收获以及贮藏等各个关键环节，及时彻底清除病薯、病蔓、杂草等病残组织，并集中晒干焚烧或深埋。此外，对所使用的农机具也要及时进行清洗消毒。

④苗床建立。选择生茬地或3年以上未种甘薯的地块建苗床，底肥应使用无污染的腐熟有机肥。

⑤高剪苗。苗床上薯苗高25cm以上时，在离地面5cm处剪苗，栽插于大田；或将剪下的苗移栽至采苗圃中。待苗长到35cm时，在离地面10～15cm处剪苗，栽插于留种田。

⑥留种田的建立。选择生茬地或3年以上未种甘薯的地块作留种田，应做到净地、净苗、净肥、净水，防治地下害虫。留种田应排水畅通、远离苗床及发病薯田。

（2）物理防治

①温汤浸种。精选健康无病的薯块，用温水洗去泥土后进入透水筐，温水浸种。初始水温调至56～58℃。种薯入水后，水温保持在51～54℃，浸泡10～12min，水要浸过薯面，筐要上下提动，使薯块受热均匀。浸好的种薯要立即进行温床育苗。

②高温育苗。排种后3d内，床温保持在36～38℃，出苗前床温保持在28～32℃，出苗后降到25～28℃。苗床温度应保持均匀一致。每次浇水时应浇足，尽量减少浇水次数。

③适时收获，安全贮藏。贮藏期甘薯黑斑病的危害最大，预防不当容易导致烂窖。因此，贮藏薯块一般在霜冻前选晴天收获，以严防冻伤，同时应避免薯块破损，入窖前严格剔除病薯、伤薯，减少感染机会。种薯入窖前，对旧窖进行清扫，并用石灰水洒刷，或用1%甲醛溶液喷雾消毒，保证旧窖严格消毒。种薯入窖后进行高温处理，35～37℃下控制相对湿度为80%～90%，以促进伤口愈合，降低病菌感染概率。贮藏期间控制窖温为10～14℃，前期敞窖以排湿散热，中期盖窖以保温防冻，后期适时敞窖散热。

（3）化学防治

①药剂浸种。育苗前用10%多菌灵可湿粉剂300～500倍液，或50%代森铵水剂200～300倍液，或50%甲基硫菌灵可湿性粉剂800倍液浸种10min；

②药剂浸苗。移栽前，薯苗剪后用50%多菌灵可湿性粉剂800～1 000倍液浸蘸苗基部10min，或50%甲基硫菌灵可湿性粉剂1 500倍液浸苗10min。此外，室内药剂筛选发现，96.3%苯醚甲环唑原药和97%甲基硫菌灵原药对病原菌具有非常好的抑制作用。

2.2 甘薯疮痂病

分布与危害

甘薯疮痂病（Leaf and stem scab or Bud atrophy）又称甘薯缩芽病、打狗耳

图2-9 甘薯疮痂病大田发病状

或"麻风病"，作为传统的南方薯区三大病害之一，近年来在广东有重新暴发流行之势，已威胁到了甘薯的生产。在甘薯生长发育早期发病严重影响甘薯的产量及品质。该病在世界各地均有分布，在我国1933年首先在台湾发现，目前广泛分布在广东、广西、福建、浙江、台湾和海南等省份，在雨水偏多或台风暴雨频繁的年份常在感病品种上流行，造成新梢畸形、叶片卷皱、生长缓慢，甚至全株枯死（图2-9）。在甘薯生长早期发病，发病率常达50%以上，产量损失可达60%～70%。

症状

甘薯疮痂病主要危害甘薯嫩叶、叶柄、嫩梢和幼茎。叶片病斑多见于叶背叶脉上，病斑初为红色小点，后随茎叶的生长而加大并突出，变为灰白色或黄色，病斑呈木栓化疣斑，表面粗糙，叶片受害后常向内卷曲，皱缩畸形。叶柄上呈现牛痘状圆形或椭圆形疮痂斑，导致叶柄弯曲。嫩梢形状呈畸形，发育受阻，短缩直立不伸长或卷缩如干木耳状（图2-10）。茎蔓受害后初为灰白色或紫色木栓疮疤，严重时疮疤连成片，生长停滞（图2-11）。在潮湿的环境中，

图2-10 发病嫩梢畸形发育受阻

图2-11 发病茎枝叶片症状

病斑表面长出粉红色毛状物，为病菌分生孢子盘上产生的分生孢子。薯块被害表面凹凸，呈木栓化性状，一般症状不明显。发病严重时植株结薯少、块根小，淀粉含量减少，品质降低。

病原

甘薯疮痂病由甘薯痂圆孢菌［无性态：*Sphaceloma batatas* Sawada，有性态：*Elsinoë batatas*（Saw.）Viégas & Jensen］引起。该病原菌属子囊菌亚门腔菌纲多腔菌目多腔菌科真菌。病原菌在PDA平板上菌落呈红色边缘不整齐，生长缓慢（图2-12，图2-13），病原菌已生长16 d。在潮湿的条件下，病斑表面易形成分生孢子盘，并产生分生孢子梗和分生孢子，分生孢子梗单胞，无色，圆柱形；分生孢子也为单胞，椭圆形，两端个含有1个油点。自然条件下，病原菌的有性态一般不易形成。病原菌子囊呈球形，具4~6个子囊孢子；子囊孢子无色，稍弯曲，具隔膜。甘薯是其主要寄主。该菌也可引起蕹菜、南沙薯藤和三裂叶薯的病害。

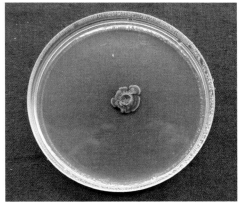
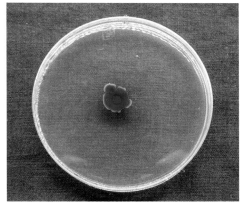

图2-12　病原菌在PDA上培养16 d的正面菌落形态特征　　图2-13　病原菌在PDA上培养16 d的反面菌落形态特征

发病规律

甘薯疮痂病病原菌主要以菌丝体潜伏在病体组织中越冬。以带菌的种苗或带病的薯蔓为田间主要初侵染源。病原菌的分生孢子作为初侵染与再侵染接种体，借气流和雨水溅射而传播，从寄生伤口或表皮侵入致病。病菌远距离传播主要是靠薯苗的调运。25~28℃为病原菌的最适合温度，在南方薯区4~10月均可发病，以6~9月多雨季节为病害流行盛期。病原菌先在苗圃危害薯苗，病苗传到大田后成为传病中心，借风雨传播蔓延，潜伏期一般在7～21d。湿度是病原菌孢子萌发和侵入的重要条件，温度合适、湿度升高使得病害蔓延速度快，植株发病率高，特别是在连续降雨或台风过后，往往出现发病高峰。

防治方法

（1）**农业防治**　选用抗病品种，如广东省农业科学院新育成的优质高产甘薯品种广薯87、福薯26、广薯88-70等品种表现抗病，茎尖菜用型甘薯品种广菜薯7号、鄂菜薯1号、广菜薯16-19、广菜薯17-23、广菜薯11-52等品种表现为抗病（图2-14）。坚持与非寄主作物轮作，尤以水旱轮作为好；提倡以薯块培育薯苗，种植无病壮苗；勿偏施氮肥，应当多施磷钾肥，以增强抗病性；注意控制薯苗种植的密度，使薯田保持通风透光；收获后，清除田间病残株，消灭病源。

图2-14　中间为中抗品种鄂菜薯1号，两边为感病品种广菜薯5号

（2）**化学防治**　甘薯育苗和大田扦插时，可用50%硫黄·多菌灵悬浮剂500倍液、70%甲基硫菌灵水分散粒剂600倍液或50%多菌灵悬浮剂500倍液，浸种薯或薯苗15～20min，沥干后扦插，其效果较为理想，浸苗比不浸苗的每亩*可增产10%以上。在大田发病，可用甲基硫菌灵和多菌灵喷雾防治。另外，用0.1%苯并咪唑浸苗，或发病初喷洒36%甲基硫菌灵悬浮剂500～600倍液防治效果较好，在实践中利用撒布石灰也可起到较好的防治效果。

2.3　甘薯白绢病

分布与危害

甘薯白绢病（Sclerotial blight）又被称菌核性根腐病、南方疫病和环斑病等。该病害主要发生在热带和亚热带甘薯产区，是重要的甘薯苗圃病害，特别是利用薯块育苗极易遭受危害。20世纪80年代初在我国浙江和福建发现甘薯白绢病，在我国长江流域以南高温多雨的地区发生较为严重，特别是南方薯区育苗地和大田发生逐年加重，是薯块育苗圃危害严重的病害之一，在田间常从

*亩为非法定计量单位，1亩≈666.7m²。——编者注

甘薯块根两端开始腐烂。此外，甘薯薯块清洗包装后，在售卖过程中，薯块易发生白绢病，严重降低鲜食甘薯的品质和商品性。

该病害最常见的症状是引起薯块薯苗腐烂并在腐烂表面出现白色菌丝和白色至棕色菌核，还有一种症状是在薯块表面形成圆形的病斑（图2-15，图2-16），为此一些学者将具有这两种症状的病害分别作为南方疫病（Southern blight）和环斑病（Circular spot），并对这两种甘薯病害进行研究。据观察，在我国也存在环形病斑症状，基于两种症状都是相同的病原菌，本书不再分成两个病害单独介绍，而将这两种病害视作同一种病害即甘薯白绢病。白绢病是农作物上普遍发生的重要土传病害。病原菌齐整小核菌能够侵害包括马铃薯、棉花、玉米、花生和小麦等500多种寄主植物，发病严重的损失率可达50%以上，给生产造成了巨大的经济损失。

图2-15　薯块育苗白绢病症状

图2-16　患病薯苗基部白色至棕色菌核

症状

甘薯整个生育期均可发病。

①育苗期（薯块育苗圃）。发病的植株出苗慢，苗表现为矮小、发黄、萎蔫和枯萎死亡等症状，苗基部发生褐色腐烂，苗基部地表和病斑腐烂处可见白色菌丝。当环境潮湿时，白色菌丝体围绕植株基部茎枝和土壤快速生长，无数油菜籽状的菌核在菌丝体上迅速生成。菌核初为白色，渐变为米黄色，后变为棕褐色。挖开土壤可见育苗薯块多腐烂，薯块表面布满白色菌丝和白色至褐色菌核（图2-15）。

②假植繁苗和生长期。发病部位主要在接近地表1～2cm的甘薯茎基部，症状因茎色而异。绿色茎者初现水渍状黄褐色病斑；紫色茎者初现紫红色病斑，然后逐渐变褐腐烂，呈湿腐状。病部及土表产生大量白色绢状菌丝，菌丝

体呈辐射状扩展，环绕整个茎基部，整株萎蔫，植株易从基部腐烂处折断，倒伏，并在表面或基部附近形成菌核（图2-16，图2-17）。染病部位能轻易从植株上折断，后期植株萎蔫死亡。

图2-17　病株紫色茎部的红色病斑　　　　图2-18　患病薯块上布满白色菌丝

　③收获期。发病的植株薯块表面密生白色菌丝，呈扇形（放射状）扩展且紧贴于薯块表皮（图2-18），发病部位及与薯块接触的土壤产生白色至棕褐色小米粒状菌核病菌，若被侵染薯块为紫色，其薯尾和茎基部出现鲜艳的紫红色（图2-19）。此外薯块上还有另外一种圆形病斑症状（图2-20），病斑表面呈棕色，病斑边缘明显，在圆形病斑上一般看不到菌丝和菌核。齐整小核菌形成的圆形病斑易与甘薯痘病症状相混淆，两者最明显的区别是甘薯痘病形成的病斑多为黑色并形成小洞。

图2-19　患病薯块薯尾鲜艳的紫红色　　　图2-20　患病育苗薯块表面布满白色菌丝和
　　　　　　　　　　　　　　　　　　　　　　　圆形病斑

病原

白绢病病原菌的无性世代为半知菌亚门小核属的齐整小核菌（*Sclerotium*

rolfsii Sacc.），不产孢子，能形成菌核，有性世代为担子菌亚门罗耳阿太菌 [*Athelia rolfsii*（Curzi）C. Tu & Kimbr]，异名为罗耳伏革菌 [*Corticium rolfsii*（Sacc.）Curzi] 或白绢薄膜革菌 [*Pellicularia rolfsii*（Sacc.）West.]，该菌是一个腐生性很强的土壤习居菌。目前，在自然条件下已发现病原菌的有性世代阶段，在甘薯上并没有发现有性世代，但是从甘薯上分离的病原菌能够诱导产生有性态的担子和担孢子。

白绢病病原菌在PDA培养基上的菌落圆形，形似白色绢丝，向四周辐射状扩展，菌丝分枝。菌丝白色，具隔膜，疏松或集结成线性紧贴于PDA培养基上，形成菌核；菌核表生，球形或椭圆形，直径1.0 ~ 3.0mm，平滑而有光泽，如油菜籽，先呈白色后渐变黄褐色至棕褐色，组织紧密，表层细胞小而色深，内部细胞大而色浅，软革质，菌核内部灰白色，紧密，细胞呈多角球形，大小为6 ~ 8μm，边缘细胞呈褐色且小，不规则形（图2-21，图2-22）。菌丝在培养基上生长发育温度为8 ~ 40℃，最适温度为30 ~ 35℃，在−2℃低温下处理24h即死亡。菌丝在pH为6 ~ 7时菌落扩展速度较快，其中pH为6时菌核产生量最多。pH>10时菌丝生长严重受抑制。菌核在50℃处理10min，萌发率为0，因此，菌核的致死温度为50℃（处理时间为10min）。

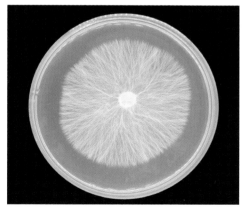
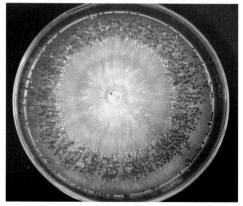

图2-21　在PDA上白绢病菌菌丝培养特征　　图2-22　在PDA上白绢病菌产生大量菌核

发病规律

甘薯白绢病的发生主要有两种侵染源。一种是病原菌菌核在土壤中存活数年，萌发感染了种薯或种苗；另外一种是育苗所用的薯块本身带有病原菌但未显现症状，或栽种的种苗采自苗圃发病的植株或者受到了病原菌的污染。白绢病病原菌通常会在培养基或受害寄主植物上产生菌核，但是在没有外在营养供应下，也有可能发芽并利用自体的养分，产生新菌核。病菌除了产生大小正常的棕褐色菌核之外，还会形成小菌核或异常菌核等。菌核没有休眠期，对不良环境的抵抗能力很强，最长在土中可存活5～6年。温度和土壤质地会影响菌核的存活。研究表明，菌核极端低温下很难存活，黏土含量较高的土壤中菌核更容易死亡。这可能是由于黏土含水较多，微生物活动较为旺盛。菌核可通过流水、土壤、农具和种子等介质传播蔓延。菌核在适宜的温湿度条件下萌发产生菌丝，菌丝与寄主接触后，能分泌酵素或毒质，使寄主表皮层溶解或导致组织坏死，然后菌丝从该处侵入寄主内。菌丝亦能直接从寄主伤口或组织坏死部分入侵。病菌从体外侵入并出现症状所需时间长短，主要根据寄主受害部组织结构的特征和温度而定，一般需2～10d。

作为土传性病害，白绢病的发生和发展受到土壤条件、栽培条件及气候条件等影响。高温高湿的气候条件和渍水土壤均会导致白绢病的暴发。苗圃种植太密或者湿度高极易引起白绢病的发生。一般病原菌侵染甘薯前需要有段腐生过程，因此，老叶子和植物病残体（苗床里腐烂坏死的根茎和苗床表面腐烂的叶子）为病原菌提供了养分（图2-23），这些病残体也是白绢病菌丝体或菌核的越冬场所（图2-24）。另外，腐烂薯块的挥发性物质能够促进菌核萌发。

图 2-23 甘薯老叶上的病原菌菌核　　图 2-24 田埂上丢弃的薯蔓含有大量病原菌

防治方法

（1）**农业防治**　不同品种间抗性存在明显差异，在生产上推广应用优良抗病品种尤为重要；选取健壮、无病斑、无菌丝附着和无虫伤的种薯和种苗，可以将种薯在51～54℃温水中浸10min；应尽量避免重病田、有齐整小核菌侵染病史的地块；合理轮作，禁止连作或与其他感病寄主轮作，水旱轮作能对白绢病起到预防作用；加强田间管理，深翻土地，施用充分腐熟的有机肥，对病残体及时清除、烧毁或深埋，在病穴中撒石灰粉消毒；灌水结合晒田。

（2）**化学防治** 播种和扦插前用80%多菌灵水分散粒剂500倍液浸泡种薯和薯苗15min；发病初期可用250g/L吡唑醚菌酯乳油1 000倍液淋根、泼浇或喷雾。定植移栽时在种苗表面喷洒杀菌剂能有效预防白绢病。3%甲霜·噁霉灵水剂3 000g/hm²和20%地菌灵可湿性粉剂4 500g/hm²对白绢病有较好的防治效果。另外发病初期，对发病中心进行重点防治，用15%氟酰胺可湿性粉剂900倍液、或30%甲霜·噁霉灵800～1 000倍液、或70%甲基硫菌灵水分散粒剂800倍液、或50%腐霉利可湿性粉剂1 000～1 500倍液、或50%苯菌灵可湿性粉剂1 000～1 500倍液、或20%甲基立枯磷乳油1 000～1 500倍液、或50%异菌脲可湿性粉剂1 000～1 500倍液灌根。此外，250g/L吡唑醚菌酯乳油、400g/L氟硅唑乳油、10%苯醚甲环唑悬浮剂、50%啶酰菌胺水分散粒剂和50%嘧菌酯悬浮剂等5个药剂对甘薯白绢病菌的菌丝生长和菌核产量的抑制效果较好。

（3）**生物防治** 哈茨木霉菌（*Trichoderma harzianum*）的很多菌系对白绢病菌有拮抗作用，其作用机理主要是营养竞争，以及产生有毒的抗生素等。绿黏帚霉（*Gliocladium virens*）可以作为白绢病的生防真菌。

2.4 甘薯根腐病

分布与危害

甘薯根腐病（Fusarium adventitious root rot），又称甘薯烂根开花病或烂根病，20世纪60年代末70年代初，该病开始在我国河南、山东、江苏、安徽、河北、湖北和陕西等省份发生，一度造成巨大的经济损失。如1981年河南有84个市县发生根腐病，发病面积达140万亩，一般减产30%～40%，重病田常常绝收。目前，甘薯根腐病仍是北方薯区的三大病害之一（图2-25）。

图2-25 河北雄县龙薯9号根腐病大田症状

症状

该病害的症状在北方多表现为传统的根腐病症状，而在南方地区相同的病原菌多引起甘薯茎基部的腐烂，见本书甘薯镰刀菌根茎腐烂病。对于北方发生的传统根腐病症状，本书编者观察到该病症状与由甘薯链霉菌引起的甘薯痘病症状相似，认为北方薯区发生传统意义上的甘薯根腐病可能是甘薯痘病。由于甘薯痘病的病原菌难以分离，同时土壤中存在大量的镰刀菌，其中腐皮镰孢也可以致病，所以认定为腐皮镰孢是该病的病原菌。这有待于对这个病害的病原菌进一步分离鉴定。

北方传统的甘薯根腐病主要症状为苗床期病薯出苗较健薯晚，地上部株型矮小，生长迟缓，叶色发黄，染病的甘薯根系逐渐腐烂，多从不定根的尖端或中部形成黑色病斑，病菌危害栽插入土的根颈部，严重时根颈部1～2个叶节形成黑褐色病斑。

该病在大田主要发生在生长期，茎叶、根系和薯块都有明显的症状。染病植株茎蔓多表现为节间缩短，分枝少或无分枝，严重的植株叶片发黄、反卷，叶变小（图2-26），组织硬化发脆，叶片自下而上干枯脱落，染病植株大量现蕾开花，重病地块现蕾开花达65%～70%。

根系是病菌主要侵染部位，须根首先变黑（图2-27），逐渐向上蔓延至根茎，形成黑色病斑，严重时，地下根茎大部或全部变黑腐烂（图2-28），病部多数表皮纵裂，皮下组织发黑疏松（图2-29）。重病株根系全部腐烂，发病晚、

图2-26　染病薯苗叶片发黄变小

图2-27　染病植株须根变黑

图2-28　染病薯苗根部形成黑色病斑

图2-29　根部病斑表皮纵裂症状

受害轻的病株，从地下根茎地表处仍能长出新根继续生长，但根系生长受到阻碍，大部分根形成细长的畸形柴根，不结薯。有的病株即使结薯，薯块也少而小。染病的薯块多为大肠型、葫芦型等畸形薯块（图2-30，图2-31）。表面生有大小不一的褐色至黑褐色病斑，多呈圆形，稍凹陷，表皮初期不破裂，但至中后期即龟裂，易脱落；皮下组织变黑疏松，底部与健康组织交界处可形成一层新表皮，病薯不硬心，煮食无异味。

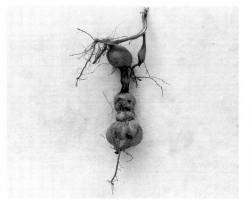

图2-30　发病薯块呈葫芦型
（胡亚亚提供）

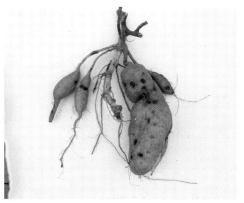

图2-31　薯块表面圆形凹陷的褐色病斑
（胡亚亚提供）

病原

目前，多数学者认为甘薯根腐病病原菌为腐皮镰孢甘薯专化型（*Fusarium solani* Mart. Sacc. f. sp. *batatas* McClure），属半知菌亚门真菌。有性阶段为子囊菌赤壳属红球赤壳菌（*Nectria haematococca* Berk. et Br.），属子囊菌亚门真菌。在北方薯区，在田间自然状态下还未发现腐皮镰孢甘薯专化型的有性世代；而在南方薯区，在腐烂的茎基部经常可以见到其有性态。对于北方传统的根腐病，胡公洛等自1976年开始从河南、山东、江苏、安徽、河北和湖北等6个省份的根腐病病样中分离到了6种不同的镰刀菌，其中爪哇镰孢（*Fusarium javanicum* Koord）致病力最强，出现频率较高，认为是主要致病菌。刘泉姣等1974—1977年对山东多地病样进行分离鉴定，认为病原菌是茄病镰孢甘薯专化型。随后较长一段时间国内学者研究认为根腐病病原菌为茄病镰孢甘薯专化型。

近年来，银玲等2012年发现终极腐霉（*Pythium ultimum* var. *ultimum*）是内蒙古通辽市科尔沁左翼后旗甘薯根腐病的病原菌。李凌燕等2016年发现尖孢镰刀菌（*Fusarium oxysporum*）是引起北京市大兴区甘薯根腐病的病原菌。

黄立飞等2015年对浙江省台州市的病样进行分离鉴定，发现腐皮镰孢是引起甘薯根腐病主要病原菌之一，此外也发现拟轮枝镰孢菌（*F. verticillioides*）、尖镰刀菌（*F. oxysporum*）、甘薯间座壳菌（*Diaporthe batatas*）、毁坏性拟茎点霉（*Phomopsis destruens*）和爪哇镰孢等可引起甘薯茎根腐烂。本书编者认为出现这种情况的主要原因有三个。一是在全国由于地理位置和气候的差异，各地引起甘薯根腐病的病原菌并不相同；二是存在多种病原菌都能侵染，只是不同地方病原菌的组成和分布均有所不同，不同地方的优势致病菌不同而已；三是多种致病菌复合侵染导致。

腐皮镰孢甘薯专化型病原菌在PDA平板上，菌丝稀，呈绒毛或密绒状至絮状，菌落呈圆形，具环状轮统，灰白色（图2-32）。大型分生孢子呈纺锤形，上部第二个和第三个细胞宽，分隔明显，一般3～8个，5个隔居多，分隔大小为（48.4～59.4)μm×(4.4～5.6)μm，分生孢子梗短，具侧生瓶状小梗。小型分生孢子卵圆形或短杆状，梗较长，单细胞者多，大小（5.5～9.9)μm×(1.7～2.8)μm；厚垣孢子生在大型分生孢子或侧生菌丝上，单生或2个联生，呈球形或扁球形，孢子大小为7.1～11.0μm，菌核扁球形，灰褐色。

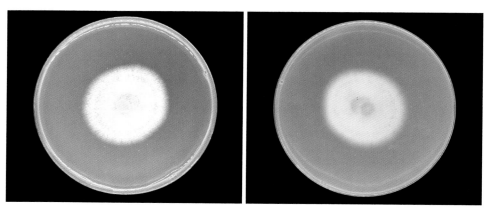

图2-32 分离自河南根腐病病原菌在PDA上培养4d的正面（左）和反面（右）菌落形态特征

长期以来，在山东、河南和江苏等地的田间自然状态下还未发现茄病镰孢甘薯专化型的有性世代，然而本书编者在广东和浙江田间能经常发现茄病镰孢的有性态，这可能是该病原菌在南方温暖湿润的条件下田间容易产生有性态，或者是不同的致病型，这有待于进一步研究。有性态红球赤壳菌（*Nectria haematococca*）子囊壳散生或聚生，形状不规则，浅橙色至棕色或浅褐色，大小为（289～349)μm×(276～303)μm，子囊棍棒状，内含8个子囊孢子，子囊孢子椭圆形至卵形，大小为（12～14.4)μm×(4.8～6)μm。

发病规律

本病害为典型的土传病害，病菌主要集中在地表0～25cm的土壤耕作层，病原菌主要以菌丝体随病薯、病残体和厚壁孢子在土壤中越冬，土壤、病残体和带菌有机肥是重要初侵染源。病残体遗留田间，使土壤中的病原菌不断积累，病害逐年加重。流水和农事操作是近距离传播的主要途径，带病的种薯种苗是远距离传播的主要途径。近年来，该病有向长江流域以南传播的趋势，2006年罗忠霞等报道发现广东出现了由镰刀菌引起甘薯茎根腐烂病，对甘薯生产造成了极大的危害，随后本书编者鉴定发现，在南方甘薯产区由镰刀菌引起的根颈部腐烂病较为常见。

在北方薯区，山东甘薯根腐病的发病始期，春薯一般在5月中旬至6月上旬，夏薯在栽后20d左右；7月上中旬至8月为发病盛期；9月以后，随气温下降，发病逐渐减轻；发病温度为21～30℃，适宜温度在27℃左右。土壤含水量在10%以下，对病害发展较为有利。可见在高温、干旱条件下发病重。此外，连作地发病重，轮作病轻，病地连作年限越长，土壤中病残体越多，发病越重。旱岭薄地或沙性大的土质肥力瘠薄的地发病重，肥力好的壤土和土层深厚的黏土发病轻。增施肥料，多施用有机肥，加强田间管理，病情较轻。该病病原可以在土壤中存活10年以上。而在浙江和广东等省份薯区观察到在雨水多湿度大的情况下盛发，并且较为容易发现茄病镰孢的有性态，与北方薯区的发病情况和症状存在一定的差异。

防治方法

至今尚无有效的防治药剂，通过采用以种植抗病品种为主，加强栽培管理为辅的综合防病措施。

（1）农业防治

①选用抗病品种。应用抗病良种是防治甘薯根腐病简单易行经济有效的措施。在病区因地制宜地推广应用抗病品种，如济薯26、济薯21、徐薯25、苏渝33、豫薯13和苏薯7号等。同一抗病品种在同一地区连茬种植，易导致品种抗性减弱退化加快，因此，最好实行不同抗病品种轮换种植和提纯复壮。

②轮作换茬，最好水旱轮作。重病地可实行与水稻、花生、芝麻、棉花、玉米、谷子、大豆等作物轮作，由于病原菌在土壤中存活时间较长，轮作年限应尽量延长，一般应在3年以上。重病田轮作年限应适当延长。

③深翻耕作层，增施不带菌的有机肥和磷肥。甘薯根腐病菌多位于0～25cm的土层，深翻30cm以上，降低耕作层病原菌数量，同时增施无菌有

机肥，提高土壤肥力。

④培育壮苗，加强田间管理。病区应及时清除病残体，压低田间病原菌数量，选留无病种薯，培育无病薯苗。免用病薯或病土沤肥。春薯应提前适时移栽，栽后及时浇水，促苗早发，增强抗病力。

（2）**化学防治**　甘薯定植时每667m² 施用 66.7mL 恩益碧（NEB），结合浇水一次性施入定植穴中，较有效地预防根腐病发生，能够提高甘薯品质和产量。每667m² 施用 50% 甲基硫菌灵可湿性粉剂 150 ～ 200g 喷施甘薯茎基部和地表，具有较好的效果。在滴灌条件下，采用 300g/hm² 寡雄腐霉菌处理，对根腐病的防治效果可达43.33%，此外，四霉素和中生菌素在甘薯根腐病防治中具有较高的潜力。

2.5　甘薯蔓割病

分布与危害

甘薯蔓割病（Fusarium wilt），又叫蔓枯病、枯萎病、萎蔫病，俗称"爆管"，由甘薯尖镰孢菌 [*Fusarium oxysporum* f. sp. *batatas*（Wollenw.）Snyder and Hansen] 侵染所引起的一种真菌性土传病害。该病是我国南方甘薯产区一种主要的真菌性病害，近年来有向长江中下游区域蔓延的趋势，主要分布在我国东南沿海的山东、浙江、福建、广东、广西、台湾和海南诸省份，20世纪90年代在福建沙壤土薯区流行发生危害。近年来该病害有所回头，2011年湖北省十堰市、武汉市、荆州市及宜昌市均发生了危害，部分田块发病率高达30%以上。20世纪50年代前这一真菌病害曾给美国南部甘薯生产造成重大经济损失，部分地区减产达50%。20世纪70年代在日本部分地区由于推广种植感病品种而使得该病迅速蔓延。该病在田间随机分布，苗期发病则减少出苗量，大田期受害程度与发病早晚有关，一般减产10%～20%，重者达50%以上，对甘薯高产稳产威胁极大。

症状

甘薯蔓割病是一种维管束病害，可导致患病植株发生全株性枯萎和死亡，在苗根、叶片、茎蔓和薯块上均能发病。病苗根呈青肿状，导管变褐色，上部黄瘦。近基部的叶片首先开始发黄，自下而上变黄脱落。茎蔓基部膨大，剖视病部可见维管束变为黑褐色，后期病部纵向开裂，露出髓部，裂开部位呈纤维状（图2-33），气候潮湿时表面着生粉红色霉层，为病菌菌丝体和分生孢子。病株叶片自下而上发黄脱落，最后全蔓枯死（图2-34）。病菌常常引起薯块蒂

图2-33 甘薯蔓割病典型症状　　　　　图2-34 病株茎部裂开枯死

部腐烂，横切病薯上部，在横切面呈黑褐色圆环状斑点。

病原

甘薯蔓割病的病原菌为甘薯尖镰孢菌专化型（*Fusarium oxysporum* f. sp. *batatas* (Wollenw.) Snyder et Hansen），分离自不同薯区的病原菌菌株间致病力具有明显的差异，属半知菌亚门，丝孢菌纲，镰刀菌属。有大小两种分生孢子。小型分生孢子卵圆形至椭圆形，大小为（5 ～ 13)μm×(2 ～ 3.5)μm，单胞，孢子量大；大型分生孢子着生在分生孢子梗上，镰刀状，顶孢稍尖，末孢尖端稍弯曲，多为3个分隔，偶有4个分隔、5个分隔，大小为（20.0 ～ 48.0)μm×（2.8 ～ 4.7)μm。产孢细胞单瓶梗，较短，大小为（15.0 ～ 20.0)μm×(2.5 ～ 4.0)μm，产生厚垣孢子。厚垣孢子球形，褐色，直径为6.0 ～ 8.0μm，常单生，对生，或串生。该病原菌在PDA培养基上菌丝白色，棉絮状，老熟培养皿背面黑褐色，边缘红褐色（图2-35）。菌丝生长最适pH为5.0 ～ 6.0。

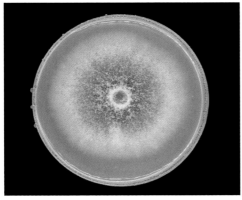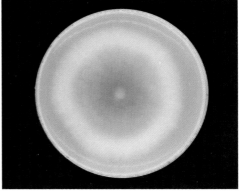

图2-35 尖镰孢病原菌在PDA上正面（左）和反面（右）菌落形态特征

此外，部分学者认为甘薯镰孢菌（*Fusarium bulbigenum* Cook et Mass. var. *batatas* Wollenw）也是甘薯蔓割病的病原菌。该菌的大型分生孢子有 4 ～ 5 个分隔，大小为（35 ～ 42)μm×(3.25 ～ 4.75)μm；小型分生孢子（5 ～ 12)μm×(2 ～ 3.5)μm。厚垣孢子球形，褐色。

发病规律

甘薯尖镰孢菌为土壤习居菌，土壤普遍带菌，病薯、病蔓和土壤成为翌年甘薯蔓割病的主要侵染源。此外，带病种薯、种苗是引起苗地和大田发病的侵染源之一，也是该病远距离传播的主要途径。病菌由土壤通过秧苗基部或根部伤口，或由带菌种薯通过导管侵入秧苗，在导管组织内繁殖，致使患病植株枯萎、死亡。

高温潮湿的天气有利于发病，当旬温≥20℃时开始发病，随气温升高发病加重，≥27℃时病害上升很快。在适温条件下，流行与否取决于降水量，雨后病害剧增，盛夏和秋季大雨是造成该病流行的主要因素。甘薯栽种返青期，遇到阴雨天发病加重，一般栽后 15 ～ 20d 出现发病高峰。从土壤类型看，凡沙粒多、土质疏松的沙土田块发病较重，俗称"带沙的土质甘薯裂头重"，反之，土质黏重，含水量多的黏土发病较轻。连作地病害发生普遍严重。种植感病品种是引起该病流行的先决条件。新种花、岩 8-6、惠红早、禺北白和猴毛红等品种较易感病等。

防治方法

采取以推广种植抗病品种为主的综合措施，尤其是控制带病种薯及种苗的远距离运输。

（1）农业防治

①选用抗病品种。不同甘薯品种的抗病性存在一定的差异，表现抗病的品种有金山 57、湘薯 6 号、岩薯 5 号、湛 96-24、浙 6052、济薯 16、冀薯 98、绵薯 6 号、潮薯 1 号、广薯 15、广薯 16、桂薯 96-8、南薯 99、鄂薯 3 号和川 9413-4 等。

②选用无病壮苗。除了病重的甘薯块根顶部与茎基相连处出现纤维状蔓割症状外，在一般情况下，带菌薯块表面并无异常，从外观难以辨别是否为病薯。而这样带菌种薯，薯苗传染率相当高。因此，选用无病种薯和薯苗尤其重要，是减少甘薯蔓割病发生的有效手段。

③土壤消毒。对土壤施用氯化苦进行消毒，然后在畦田进行地膜覆盖栽培，放置时间过长则效果减退。因此须连续作业，以达到可靠的效果。

（2）**化学防治**

移栽前将薯苗浸在80%多菌灵可湿性粉剂有效浓度为0.8g/L的溶液里或50%多菌灵可湿性粉剂有效浓度为1.0g/L的溶液里20min，取出晾干6 ~ 8h后扦插。将收获后种薯用25%苯菌灵可湿性粉剂有效浓度为5.0g/L的悬液里浸1min，取出晾干后贮藏，可预防薯块腐烂。另外，施用50%甲基硫菌灵可湿性粉剂浸甘薯苗5min，晾干后扦插，具有较好防治效果。

（3）**生物防治**　甲壳胺、芽孢杆菌对感蔓割病的甘薯叶片具有较明显的抑制作用。利用对甘薯不致病的尖镰孢菌制成的黏稠状浓缩菌液涂抹苗茎剪口，或将薯苗剪口浸泡在菌液里预先接种至甘薯，诱导甘薯的抗性反应。利用异种真菌扩大繁殖培养后接种苗茎剪口，对蔓割病有明显的抑制作用，要求菌孢子浓度不低于1.0×10^6个/mL。

2.6　甘薯镰刀菌根茎腐烂病

分布与危害

甘薯镰刀菌根茎腐烂病（Fusarium root and stem rot），是由多种镰刀菌侵染引起的一种真菌病害。该病害是美国东南地区危害严重的甘薯病害之一。这个病害不同于甘薯尖镰孢菌引起的甘薯蔓割病，因为蔓割病的病原菌只侵染寄主的维管束，造成枯萎或茎部爆管开裂。在我国，该病害广泛分布于浙江、福建、海南、广西和广东等省份，已是南方薯区主要病害之一。

症状

在北方薯区，田间发病的薯块，有褐色环状病斑，颜色较薯皮深或相同，病斑有一圈轮纹或多圈轮纹（图2-36），部分薯块端部呈褐色腐烂。病斑边缘整齐，稍有凹陷，内部深褐色或黑色（图2-37）。侵染较浅的薯块切面无蜂窝状空腔，仅在表皮处形成坏死的深褐色或黑色组织，病斑较硬。侵染较深的薯块内部有蜂窝状空腔，内有白色菌丝，病斑较软。感病的薯苗在茎基部有黑色或褐色病斑，形状不规则，或在病斑处出现纵向裂开，须根也有点发黑腐烂症状，叶片变黄，后期病斑环绕植株茎基部，严重时可导致整个植株枯死。

在浙江和广东等南方地区，引起的症状与在北方薯区的症状明显不同，病原菌常常引起甘薯茎基部腐烂，首先在甘薯茎基与地面接触部位出现水渍状褐色病斑，皮层腐烂稍凹陷，在雨水多、湿度大的条件下茎基部成暗褐色坏死状，表面密生大量赤红色颗粒状物（图2-38，图2-39），即病原菌腐皮镰孢

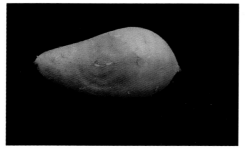

图2-36　患病薯块上轮纹状病斑

图2-37　患病薯块横切面

图2-38　大田病株茎基部腐烂并出现
赤红色子囊壳

图2-39　与甘薯茎腐病共侵染

的子囊座。在天气多雨、土壤潮湿时，茎基部病斑逐渐向上蔓延，茎叶发黄并逐渐枯死；病斑向下发展，致使甘薯块根腐烂，严重时，几乎绝收。收获时，发病的薯块出现褐色凹陷病斑，病斑边缘整齐，或者从薯块一端开始腐烂，内部呈现蜂窝状空腔，病斑破损处有白色菌丝（图2-40，图2-41）。无症状的薯

图2-40　患病薯块发病症状

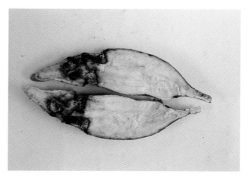

图2-41　发病薯块纵切面

块进行贮藏时，病原会通过病虫和人工造成的创伤侵入薯块，形成甘薯镰刀菌干腐病。

　　利用无症状的薯块放入苗床育苗的时候，薯苗生长迟缓，矮小黄化，与缺素症相似（图2-42）。如果挖开土壤的话，发现育苗的薯块表面具有黑褐色病斑，病斑不凹陷（图2-43），纵切发现病斑下面呈深褐色干腐（图2-44）。发病严重的薯块整个腐烂，在薯块上面散生有红色子囊壳（图2-45）。此外，还发现该病与甘薯茎腐病往往共侵染（图2-39），造成甘薯茎部膨大呈纤维状，常常在膨大的茎部散生红色子囊壳，薯块整个软腐烂，或者病斑内部软腐状。

图2-42　苗圃发病植株矮小黄化

图2-43　发病块根表面黑褐色病斑

图2-44　发病块根病斑下面深褐色腐烂

图2-45　发病严重的薯块腐烂表面出现
　　　　红色子囊壳

病原

　　病原菌包括腐皮镰孢菌（*F. solani*）、尖孢镰刀菌（*F. oxysporum*）、拟轮枝镰孢菌 [*F. verticillioides* (Sacc.) Nirenberg，有性态为 *Gibberella moniliformis* Wineland] 和爪哇镰孢菌（*F. javanicum* Koord）等，都可引起甘薯根茎腐烂

病，与黄立飞等2015年对浙江省台州市甘薯病样病原菌分离鉴定的结果一致。腐皮镰孢菌（*F. solani*）中腐皮镰孢甘薯专化型（*F. solani* Mart. Sacc. f. sp. *batatas* McClure）是北方甘薯根腐病的病原菌，引起易辨别的不定根侵染症状（查看本书甘薯根腐病），完全不同于本病害。尖孢镰刀菌中甘薯尖镰孢菌 [*F. oxysporum* f. sp. *batatas*（Wollenw.）Snyder and Hansen] 只侵染寄主的维管束，造成枯萎或茎部爆管开裂，引起甘薯蔓割病，也与本病害症状完全不同，故视为不同的病害。这些病原菌的种类可以通过菌落的外观和色素以及无性孢子的形态来辨别，最终确认还需要结合内转录间隔区（Internal Transcribed Spacer，ITS）、延伸因子基因（EF-1α）、β-微管蛋白基因（β-tubulin）、核糖体大亚基（nucLSU）和核糖体小亚基（nucSSU）等基因的部分序列等分子生物学方法鉴定结果。腐皮镰孢菌和尖孢镰刀菌都产生厚垣孢子、小型分生孢子和大型分生孢子。拟轮枝镰孢菌不能产生厚垣孢子。

镰孢属病原菌侵染甘薯的形态和致病特征较为相似，本书暂将其作为甘薯镰刀菌根茎腐烂病的病原菌来介绍，随着大家对该病害的关注和研究，也可能会分为多种病害。作为甘薯镰刀菌根茎腐烂病最主要的病原菌腐皮镰孢菌（*F. solani*），有性态为红球赤壳菌（*Nectria haematococca*），在PDA平板上，菌丝稀，呈绒毛或密绒状至絮状，菌落呈圆形，灰白色（图2-46），大型分生孢子镰刀型，两端较钝，顶胞稍弯，以3～5个分隔较多（图2-47）。该菌在南方甘薯产区的田间和人工接种的病体上均能观察到有性阶段，典型症状是在发病部位形成可辨别的红色子囊壳，散生在基物表面（图2-38），子囊壳球形（图2-48），子囊棍棒状，内含8个子囊孢子，子囊孢子椭圆形至卵形（图2-49）。

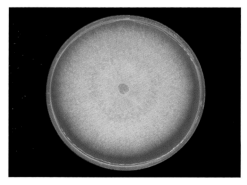

图2-46　腐皮镰孢在PDA上菌落形态特征

图2-47　腐皮镰孢大型分生孢子

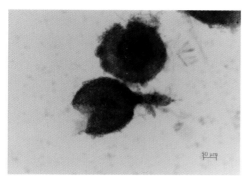
图2-48　腐皮镰孢菌子囊壳

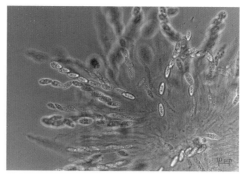
图2-49　腐皮镰孢菌子囊孢子

发病规律

本病害为典型的土传病害，病原镰刀菌以菌丝体随病薯、病残体和厚壁孢子在土壤中越冬，特别是厚垣孢子，可以在土壤中存活多年。田间病残体遗留田间，使土壤中病原菌不断积累，病害逐年加重。流水和农事操作是近距离传播的主要途径，带病的种薯种苗是远距离传播的主要途径。病原菌腐皮镰孢菌（*F. solani*）和尖孢镰刀菌（*F. oxysporum*）主要通过农事操作造成的伤口侵入薯块或者薯苗。在苗床上，尖孢镰刀菌一般不能通过种薯育苗传播到种苗，但是腐皮镰孢菌则可以通过种薯育苗传播，并引起甘薯茎基部腐烂病。带菌薯苗可以通过剪苗进行传播。收获时，土壤过度干燥或者薯块长时间暴露在高温或低温下，都会导致病原菌侵入，但是发病速度相对较慢。2006年罗忠霞等报道发现广东出现了由镰孢属病原菌引起的甘薯茎根腐烂病，对甘薯生产造成了极大的危害，随后本书编者通过对广东及南方省份薯区的鉴定发现该类病原菌引起的茎根部腐烂病较为常见，而在浙江和广东等省份薯区观察到，在雨水多湿度大的情况下盛发，并且较为容易发现茄病镰孢菌的有性态。

防治方法

对于镰孢属病原菌引起的根茎腐烂病，采用以预防为主的防控措施。

（1）**农业防治**　种植抗病品种，不同的品种间具有明显的抗性差异，种植抗病良种是最经济有效的措施；轮作换茬，最好水旱轮作；农事操作尽量减少或避免产生伤口；精选无病种薯，培育无病薯苗；高剪苗，利用假植繁苗。

（2）**化学防治**　播种和扦插前用80%多菌灵水分散粒剂500倍液或者45%噻菌灵悬浮液1 500倍液浸泡种薯和薯苗3～5min；田间喷药的时机一般在发病前或发病初期为好，80%多菌灵水分散粒剂500倍液或者45%噻菌灵悬浮液1 500倍液淋根或者泼浇，具有较好的田间防治效果。

2.7　甘薯基腐病

分布与危害

甘薯基腐病（Foot rot）又称脚腐，是由毁坏性拟茎点霉 [*Phomopsis destruens* (Harter) Boerema Loer. & Hamers] 侵染所引起的一种真菌病害。1912年首先在美国发现，发病率约95%，产量损失率为10%～50%，对甘薯产业影响极大。近年，该病害在美国不常发生，但是给巴西、阿根廷和乌拉圭等国家造成了一定的损失。2008年在我国台湾首次报道，2014年在浙江发现该病害，近年在浙江省台州市一些地点发生普遍，轻则病株率10%～20%，部分严重的田块病株率100%，导致薯块绝收（图2-50）。

图 2-50　台州市黄岩区甘薯基腐病大田发病状

症状

基腐病在贮藏、苗床和大田都能发生。在苗床发病初期，在地表的茎基部或者地表下育苗种薯呈现棕色至褐色的坏死病斑。大田中，受害植株首先在茎基部出现褐色病斑，病斑沿着茎蔓扩展，茎基部褐色腐烂（图2-51），老叶呈黄色，随后下部茎基部和叶片呈黄褐色干枯，薯蔓枯死，仅有顶端叶片（图2-52），发病田块薯苗七零八落，病薯表面呈淡褐色，剖开薯块呈褐色腐烂（图2-53）。收获后，带病菌的薯块在贮藏时继续腐烂，不易贮藏。田间部分腐烂的植株表面覆盖大量黑色小颗粒，为病原菌的分生孢子器。发病的薯块，病斑处一般能够看到大量的黑色分生孢子器（图2-54），薯块内部呈不均匀褐色腐烂状（图2-55）。

图 2-51　患病植株茎基部褐色腐烂

图 2-52　发病植株薯蔓褐色枯死

图 2-53　患病薯块表面褐色病斑内部腐烂

图 2-54　患病薯块病斑处大量褐色分生孢子器

病原

病原菌为毁坏性拟茎点霉 [*Phomopsis destruens* (Harter) Boerema Loer. & Hamers，异名 *Penodomus destruens* Harter]。目前还没有发现该菌的有性态，在培养基上和受害植株或薯块上都能产生分生孢子器，在马铃薯蔗糖培养基（PDA）和在营养琼脂培养

图 2-55　患病薯块内部不均匀褐色腐烂状

基（NA）上，菌丝灰白色至浅褐色，平铺状，不规则形且有波浪状边缘（图 2-56），后期表面产生黑色分生孢子器（图 2-57）。分生孢子器多呈圆形或不规则形。在培养基上分生孢子器内产生甲型分生孢子，单胞，无色透明，长圆形，大小为（3 ～ 4）μm×（7 ～ 10）μm，两端有明显圆形油滴；另外在寄主植物上发现柄生孢子，无色透明，大小为 4 ～ 15μm，比分生孢子狭窄，有多个不明显油滴。极少在培养基上发现柄生孢子。

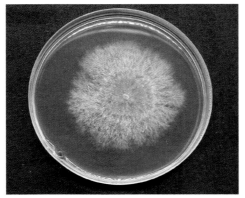

图2-56 病菌在PDA上菌落特征

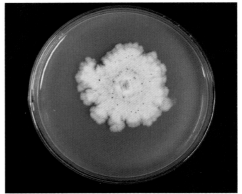

图2-57 病菌在NA上菌落特征及黑色分生孢子器

发病规律

病原菌可以在土壤中的病残体上越冬，但不能在土壤中存活太久。主要通过甘薯的种薯种苗进行传播，病原菌借助伤口侵染块根和茎，也可借助叶痕侵染茎部。带菌薯块、薯苗和病株残体成为当年再次侵染源和翌年初次侵染源。已知旋花科植物是该病原菌唯一的寄主。

影响病害发生的主要因素是温度。田间发病适宜温度为15～30℃，温度在35℃以上时，能有效降低病原菌存活力，田间发病率为零。将病苗扦插在无病土中发病率达100%，而将健苗扦插在有病株残体的土壤中发病率在66%以上。淹水对病原菌生长不利，将上一年发病田块淹水14d后再扦插健苗则不发病。

防治方法

（1）**加强检疫** 种薯种苗为甘薯基腐病主要传播方式，应加强植物检疫法制手段，杜绝从病区调运种苗。

（2）**农业防治**

①种植抗病品种。甘薯基腐病在品种之间存在抗性差异，种植抗病品种可以有效减轻甘薯基腐病的发生，然而目前很少报道该病害的抗性品种选育。

②轮作换茬。与非旋花科作物轮作，进行水旱轮作或薯田淹水14d以上，是控制该病害最有效的方法。

③培育壮苗。加强病区田间管理，应及时清除病残体，勿残留在田间及四周，减少侵染源。

④选留无病种薯，培育无病薯苗。

⑤高剪苗，最好使用假植繁育苗。

⑥在甘薯生产操作过程中尽量减少对甘薯造成伤口。

⑦增施磷钾肥，适施微量元素，提高甘薯自身抗病性。

（3）化学防治　雨季来临前，根据危害症状和甘薯生长期，采用5%己唑醇悬浮剂750倍液、或10%己唑醇悬浮剂1 500倍液，或50%苯菌灵可湿性粉剂400～500倍液，或者40%噻菌灵可湿性粉剂1 000倍液喷施，可有效抑制病害发生。此外，将肉桂叶与椰子油钾盐以特定比例混合的植物源药剂对基腐病病原菌也有明显的抑制效果。在发病初期用32.5%苯甲·嘧菌酯悬浮剂喷淋在甘薯茎基部，对甘薯基部腐烂病害效果显著。

2.8　甘薯紫纹羽病

分布与危害

甘薯紫纹羽病（Violet root rot），俗称红包网病、抹帽坏、红络、留皮、红网病、紫筋等，是由担子亚门，有隔担子菌亚纲，木耳目，桑卷担菌（*Helicobasidium mompa* Tanaka）引起的一种病害，主要分布于东亚地区，可侵染44个家族的100多种作物，是目前甘薯生产中危害较大的主要病害之一，是我国北方薯区的三大病害之一，主要分布在浙江、福建、江苏、山东、河北、河南和安徽等省份。此外，在日本和韩国也有该病的发生。一般受害田块减产15%～30%，严重者达50%以上，甚至绝收。

症状

此病仅在甘薯田间生长期内发生，多从植株幼嫩根部侵入，也可在甘薯茎基部接近地面部位形成毡状菌丝膜，包围主茎及分枝处，导致薯蔓发病。发病初期甘薯地上部分无明显症状，后期可见茎部呈紫褐色，受侵染的植株矮小，老叶干枯发黄，新生叶叶绿素含量低，生长势弱。发病重时可导致茎叶枯死，靠近基部的茎叶枯死较早。

薯块受害后表面常形成毡状菌丝膜。受害轻时，除外表缠绕有菌丝束外，内部尚无明显变化，不耐贮藏。侵染加重转成褐色或紫褐色的菌索（图2-58），菌索下薯肉呈限制状的红褐色干腐，干腐下层组织绿色（图2-59），腐烂部分薯块伴有紫色半球状菌核。薯块表皮易脱落并释放出酒精气味，薯皮有菌膜或菌索支撑，坏在田间的病薯时间长后干缩成硬空壳。薯块腐烂多从基部开始，向下扩展。8月下旬在大田可看出病株地上部叶片渐次发黄脱落，轻提病蔓容

图2-58 甘薯薯块紫纹羽病症状　　图2-59 甘薯薯块紫纹羽病纵切面症状

易拔起，但在看到病株时地下薯块已经腐烂。

该病最典型的症状是从根系尖端开始逐渐向上发病，薯块和薯拐处缠绕根状菌索，初期受害薯块表面缠绕白色纱线状物，后变褐色，最后变成紫褐色，并在薯块表面结成一层羽绒状菌膜（图2-60）。

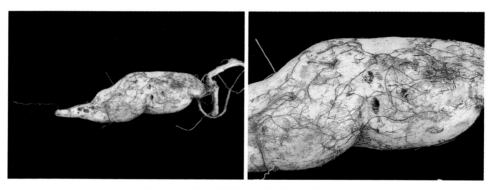

图2-60 发病薯块表面形成紫褐色菌索

病原

病原菌为桑卷担菌（*Helicobasidium mompa* Tanaka，异名为 *Helicobasidium purpureum* Pat.），无性态为紫纹羽丝核菌（*Rhizoctonia crocorum* Fr.），属担子菌亚门真菌。子实层淡紫红色，常在病薯表面集结成丝膜或根状菌索，菌丝膜外着生圆形担子或担孢子。担子圆筒形，无色，有3个隔膜，分成4个细胞，每个细胞长出1个小梗，其上产生担孢子（图2-61）。担孢子长卵形，无色单胞，大小为（10～25）μm×（6～7）μm。菌核外面紫色，稍内为黄褐色，内层为白色。

发病规律

换茬轮作的田地发病轻，连续几年栽种甘薯的地发病重，与桑、茶等混作重于单作，旱薄地重于肥水地，春薯重于夏薯，在管理粗放、缺肥的山岗地和沙质壤土发病最为严重，在地势高、排水条件良好的田地发病轻，在甘薯生长期灌水或长期积水的田地发病重。该病寄主范围广，除危害甘薯外，还危害花生、马铃薯、大豆、棉花和蔬菜等作物。

病菌以菌丝体、根状菌索或菌核在病残体或土壤中越冬。根状菌索或菌核在土壤中

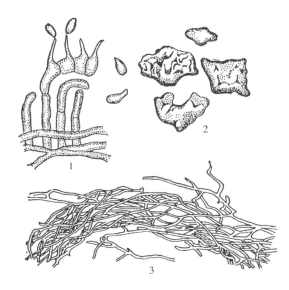

图2-61　甘薯紫纹羽病病原菌
1.担子及担孢子　2.假菌核　3.根状菌索
（引自江苏省农业科学院，1984）

能存活4年以上，侵入田中的病树根也是重要的侵染源。环境条件适宜时根状菌索和菌核产生菌丝体，菌丝体集结形成的菌丝束，在土里延伸，接触寄主根后即可侵入进行危害。一般先侵染新根的柔软组织，后蔓延到主根，由根部到薯块，由表皮至薯肉。近距离传播主要靠病残体、粪肥、雨水和灌溉、肥料施用等农事操作，远距离传播主要靠带菌的种苗和种薯。高温、多湿、降水集中、田间密闭是该病发生的有利条件。该菌虽能产生孢子但寿命短，萌发后侵染机会少。

防治方法

（1）农业防治

①加强薯块、薯苗调运检疫，防止远距离传播病害。

②不断引进、选用早熟高产优质耐病新品种，实行早种早收避病栽培。

③培育无病壮苗，使用清洁土和腐熟的有机肥育苗。

④实行轮作倒茬，在重病区与禾谷类作物实行4年以上轮作，避免与桑、樱桃、花生、大豆、斑豆、芝麻和棉花等间作，以减轻或控制病害。

⑤在田间发现早期病株后，要及时将病株、病土一起铲除，然后用生石灰粉撒于地面进行消毒。

⑥清洁田园，减少土壤菌源，防止再侵染。甘薯收获后，将田间病株残体、带病薯块、薯蔓、薯拐头等集中清理烧毁或深埋。

（2）**化学防治** 每亩用40%五氯硝基苯粉剂1.5kg，加细干土25～40kg，浇水后穴施，然后栽植薯苗，对该病的防治效果可达98.6%。另外，在拔苗前2d可用40%五氯硝基苯粉剂2 000倍液泼浇苗床，栽前用1∶200倍液药泥蘸根，防治效果达87.8%；每亩用50%多菌灵悬浮剂2kg，加水1 500kg，每穴0.5kg，防治效果为60.2%。

2.9 甘薯黑痣病

分布与危害

甘薯黑痣病（Scurf or Soilstain），又称为黑皮病，是由薯毛链孢（*Monilochaetes infuscans* Ell. and Halst. ex Harter）引起的一种世界性的真菌病害。该病1890年首次报道于美国，随后意大利、日本、我国和太平洋岛国等地也相继出现对该病发生的报道。该病在我国最早记录于1961年，各甘薯产区均有发生，主要发生在北方薯区和长江中下游薯区，近年呈持续蔓延的趋势。该病主要危害薯块，其次是薯蔓，虽然此病只危害薯块表皮，对薯肉品质无影响，不妨碍食用，但对薯块的商品性影响极大，严重影响其商品价值。近年，甘薯黑痣病在甘薯种植区的发生有逐年加重的趋势，在河北省易县1998年一般地块病薯率在5.3%以上，贮藏期病薯率在10%左右，最高的在90%以上。山东省平阴县2000年黑痣病严重发生，收获时病块率一般为5%～10%，经过2～4个月的贮藏后，病块率增至10%～20%，严重的达37.8%，极大地影响了甘薯的外观和销售。

症状

在育苗期、生长期、收获期和贮藏期均可发生。主要危害甘薯地下薯块，病斑仅限于皮层，不深入组织内部（图2-62），不妨碍食用和品质，无苦味，生长期间地上茎、叶无症状。育苗期薯苗发病，严重时不出苗就烂于土内，轻的无明显症状表现，但中后期长势不旺，薯苗基部变黑，地上部分表现叶色黄，植株略矮小。在生长期发病的甘薯，基部叶片变黄、脱落，地下部分逐渐变黑。新形成的薯块以收获前发病最多，初生浅褐色小斑点（图2-63），后扩展成黑褐色近圆形或不规则形病斑，发病严重时病斑连在一起形成黑皮（图2-64），病部易失水，皱缩龟裂，但皮下薯肉并不染病（图2-65）。收获时，薯

图2-62　四川绵阳甘薯根部黑痣病症状

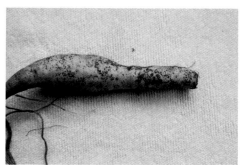

图2-63　患病薯块表面小黑点症状

图2-64　患病薯块黑皮症状

图2-65　病斑限于皮层，不深入薯肉

块表皮有黑褐色病斑，像黑痣，湿度大时，病部生灰黑色霉层。贮藏期一般在高温多湿条件下，由于薯块堆积，造成病害蔓延。

病原

病原菌为薯毛链孢（*Monilochaetes infuscans* Ell. and Halst. ex Harter），属半知菌亚门，丝孢纲，丝孢目，丛梗孢科，毛链孢属。早期产生的菌丝无色，后变成黑色。分生孢子梗基部形成膨大的附着胞附着在寄主上（图2-66），直立不分枝，具隔膜，长为40～300μm，宽为4～6μm，分生孢子梗上不断产生分生孢子。分生孢子单胞，最初无色，后变成浅棕色，圆形至椭圆形，大小为（12～20)μm×(4～7)μm，连成链状，链很快便弯曲（图2-67）。

发病规律

病菌主要寄生在细胞内或细胞间隙，能度过不良环境，在病薯块上及薯藤上或土壤中越冬。病菌在地表仅能存活1年，在地下0.7～10cm能存活2.5年。病菌直接从初苗期侵入根基侵染薯块，通过根眼、皮孔侵入，引致幼苗发

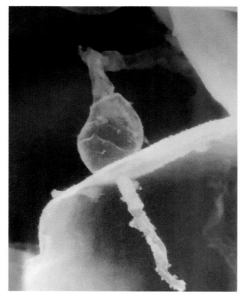

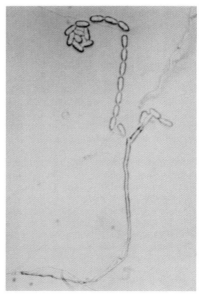

图 2-66　薯毛链孢形成膨大的附着胞（引
自 Clark et al.，2013）

图 2-67　薯毛链孢分生孢子与分生孢
子链（引自 Clark et al.，2013）

病，以后产生分生孢子侵染薯块。主要通过病薯、带病粪肥等途径进行传播侵染。该菌可直接从表皮侵入，发病温度为 6 ～ 32℃，温度较高利其发病。25℃最适，最高35℃，最低8℃，23 ～ 27℃病斑发展最快，6 ～ 14℃病斑发展较慢。适合的温度遇上高湿多雨，发病重。窖藏期薯块呼吸强度加大，散发水分极易导致病害蔓延。夏秋两季多雨或土质黏重、地势低注或排水不良及盐碱地发病重。土壤含水量为14% ～ 100%时，均能发病；土壤含水量为14% ～ 60%时，随温度升高而发病加重。

防治方法

（1）**严格检疫**　禁止调运带病种薯种苗，防止病害传播蔓延。

（2）**农业防治**

①选用抗病品种。不同品种间甘薯块根抗性差异显著，种植抗病品种，可有效地减少病害损失。

②适时收获。当地日平均气温在15℃左右为宜。若收获过晚，薯块容易遭受霜冻，利于黑痣病病菌侵入。

③无菌种薯。无病地作繁苗地，用健康、无病种薯进行排种育苗，高剪苗种植无菌薯苗。

④田间管理。春薯可适当晚栽，能减少黑痣病发生；注意排涝，减少土壤湿度；有条件的地方，实行与禾科作物3年以上的轮作。及时清除田间和苗床病薯、病原菌，以杜绝病害的各种传播途径。

（3）**化学防治**　不用病薯块作种薯，对无病薯块也要进行药剂处理。方法是用50%多菌灵可湿性粉剂1 000倍液或甲基硫菌灵1 000倍液浸泡10min进行消毒。剪下的薯苗用上述药液浸泡根部（约10cm）10 min。在苗床上若发现病薯要立即深埋或烧毁处理。大田栽秧时，亩用50%多菌灵可湿性粉剂1 ～ 3kg兑细土，浇水栽秧后，施药土，最后覆土，可杀灭土壤中黑痣病病菌。25%咪鲜胺乳油和2.5%咯菌腈悬浮种衣剂300倍药液，浸泡带病薯或苗基部10min，具有非常好的防效。

2.10　甘薯黏菌病

分布与危害

甘薯黏菌病（Slime mold disease），是发生在苗床上的一种真菌病害。黏菌的几个属和种都能引起该病害。目前，在我国、日本、美国和韩国等国家均有发生。该病在我国最早是由苏军民1978年发现于吐鲁番城郊的温室。目前该病广泛分布于全国各薯区，多发生于育苗期苗床内和湿度较大不透风的繁苗地。在国内该病多为零星发生，对于甘薯危害较小。而在韩国，1996年薯田发病率甚至达到了20%，造成了一定的损失。

症状

病害多发生在甘薯育苗温室温床以及湿度较大不透风的繁苗地。薯苗自出土后至拔苗前均可感病，症状极易识别，圈绒泡菌侵染后，开始在土表面生出一层白色到黄色，或乳灰色或棕色的黏质物（图2-68），后逐渐延至秧苗，甚至病苗自上而下，连茎带叶及苗床被一层扁平复杂的灰色或黑色的皱褶状物覆盖包围，即假复囊体状子实体，以致叶片不展，繁殖受损（图2-69）。草生发网菌在甘薯的茎、叶和叶柄上产生红褐色至深褐色短鬃毛状的子实体，甚至接触茎基部土壤也能大量产生子实体（图2-70，图2-71）。

图2-68　圈绒泡菌产生淡黄色的黏质物

该病偶尔也能发生在甘薯薯块上（图2-72）。

图2-69　茎叶被圈绒泡菌灰色的皱褶状物覆盖

图2-70　草生发网菌黏菌病田间症状
（吴翠容提供）

图2-71　草生发网菌黏菌病叶片症状

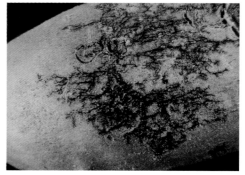

图2-72　甘薯薯块黏菌病症状
（引自 Clark et al，2013）

病原

主要病原菌有煤绒菌［*Fuligo septica*（L.）Wigg.］、光皮煤绒菌（*Fuligo leviderma* Neubert，同物异名为 *Fuligo violacea* Pers.）、灰绒泡菌［*Physarum cinereum*（Batsch）Pers.］、草生发网菌（*Stemonitis herbatica* Peck）和圈绒泡菌［*Physarum gyrosum* Rostaf.，同物异名为 *Fuligo gyrosa*（Rostaf.）］。在我国常见的为圈绒泡菌（*P. gyrosum*）和草生发网菌（*S. herbatica*）。

圈绒泡菌（*P. gyrosum*）属黏菌门，黏菌纲，内孢菌亚纲，绒泡菌目，绒泡菌科。孢子囊无柄或有柄，常成丛，或形成狭扁、多弯曲的不定形，复孢囊粉灰色，孢丝为透明状体，与纺锤丝的白石灰团连接；孢子淡紫褐色，具有微刺，直径6.5～8μm，生于腐水、落叶和泥土上。病菌以休眠孢子越冬，休眠孢子球形，直径约10μm，有微刺，休眠孢子在适宜条件下萌发，产生游动孢子，游动孢子融合形成合子。合子生长并经细胞核减数分裂成双核的原生质团，或多个合子聚合一起形成多核原生质团。原生质团乳白色，在地面和甘薯苗上扩展，为污白色胶状物。原生质团不断流动和伸缩改变体形，干燥条件下即失水收缩成棕色坚硬的团状颗粒，待条件适宜后恢复原状，原生质团是病菌取食的营养阶段，在干燥光亮的甘薯苗茎叶上产生假复囊体子实体。子实体有黑色和灰色两种。子实体扇形连接，震动后散发孢子。

草生发网菌（*S. herbatica*）属发网菌目，发网菌属。据报道，该菌分布在北美洲、欧洲、非洲、亚洲和太平洋岛国等，主要存活于草本植物和枯枝败叶上。孢子萌发释放出的大量游动胞及小囊，圆球形小囊内无原生质流动，直径为4.5～7μm。游动胞快速运动，具有一根长鞭毛，肾形至圆球形，直径为7～11μm（不含鞭毛）。黏变形体长为7～9μm，可见许多内含小囊的合子，合子直径较大，为11～13μm。珊瑚状原质团的颜色及幼孢囊在孢囊形成期和柄形成期的颜色均保持浅黄色，子实体的产生需要光照的刺激，在暗培养条件下，原生质团保持营养生长状态。在25～28℃环境温度下，将该种黏菌珊瑚状原生质团置于自然的散射光线下，经过6～12h的光照刺激，珊瑚状原生质团开始形成黑色子实体。子实体成熟主要与周围空气的湿度有关，空气湿度高，子实体成熟慢，成熟后孢囊中的孢子不易散落，子实体从形成至成熟的发育过程共持续6h。

发病规律

在北方薯区，病害每年5月初开始发生，中旬是盛期，一直能延续到6月上旬。在南方薯区常发生于高温多雨的季节。病害发生时需要高温高湿，营养生长时期还需要阴暗环境。繁殖阶段则需要亮光。病菌以休眠孢子越冬越夏。休眠孢子抗不良环境能力强。病菌借风和气流传播。其营养阶段的原生质团可塑性很强。因此，发生一代所需时间随环境条件而异，适宜生长时长，反之则短。一般是3～5d营养生长，2～3d繁殖。病害在适宜的环境条件下发展很快，受害薯苗由点到片，少则几株多则几百株。薯苗受害的原因是被附生在茎叶上的原生质和灰色、黑色的假复囊体状子实体覆盖不能进行光合作用，植株矮小萎缩，失去栽培价值。此外，病菌也可以附着在甘薯薯块表面生长，使甘薯失去商品价值和食用价值。到目前为止，还未发现病菌危害其他作物和杂草。

防治方法

根据病害发生需要高温高湿和阴暗的环境，对于温室育苗床只要勤掀塑料薄膜通风透光，降低温湿度，就可以控制发病。掀薄膜通风透光同时炼苗，先掀起薄膜一角，以后逐渐扩大，切不可中午猛然掀开，以防造成伤苗，每天通风透光 1 ~ 2h，病害基本不发生。每周通风透光 3 次，可以控制病害。在苗床或苗圃管理过程中也要控制湿度不要过大，一旦在苗床发现黏菌病，应及时地除去，并在外周撒上一层干石灰粉。

2.11 甘薯软腐病

分布与危害

甘薯软腐病（Rhizopus soft rot）又称水烂病，在甘薯贮藏期发生较为普遍，是扩展迅速、危害非常严重、传染强的真菌病害。该病分布于世界各地，在我国各地甘薯生产区均有发生。收获粗放、贮藏不善，会导致此病迅速蔓延，引起甘薯腐烂，造成重大损失。近年来，在南方薯区因推广应用一些抗性差的品种，加之收获后通风不良和高湿，导致了软腐病的大发生。该菌分布广泛，寄主范围也比较广，除危害甘薯外，还可以危害马铃薯、百合、苹果等多种作物的块茎、果实、花和贮藏器官，引起腐烂。

症状

病原菌多从薯块两端或者伤口侵入。薯块刚发病时，外观症状不明显，薯肉组织软化，淡褐色腐烂，呈水渍状，发黏，有酒味（图2-73），随后在薯块表面破裂处或整个薯块长出茂盛的像老鼠毛一样灰白色的霉状物，并在霉状物顶部布满黑色的小粒点（图2-74），这是病原菌的菌丝体和孢子囊，皮层破

图2-73 患病薯块内部软腐状

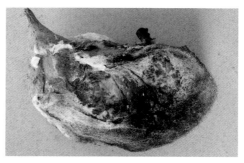

图2-74 甘薯软腐病症状

裂处流出黄褐色汁液，具有发酵的芳香味，能够吸引果蝇。

如果被其他寄生物入侵，则发酵出霉酸味和臭味。一些细菌也能够引起甘薯软腐，但是细菌腐烂会产生令人不快的气味，并且不能产生茂盛的灰白色菌丝体。甘薯软腐病发病严重时常常引起整个贮藏库甘薯腐烂，后期病薯干缩称僵薯。从开始染病到整个薯块呈软腐状，一般只需3～4d。

病原

接合菌亚门的好多种都能引起甘薯软腐病，其中毛霉目根霉属（*Rhizopus*）匍枝根霉菌［*Rhizopus stolonifer*（Ehrenb. ex Fr.) Lind.，同物异名为*Rhizopus nigricans* Ehrenb.］，又名黑根霉菌，是最主要的病原菌（图2-75）。该病原菌在薯块上、贮藏库中越冬，也存在于空气。当黑根霉菌与其他根霉共存时，常可排斥其他种类而占优势。

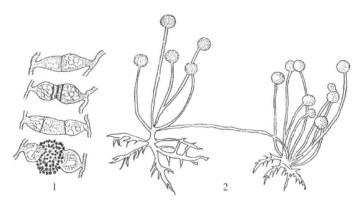

图2-75　匍枝根霉菌
1.结合孢子的形成过程；2.孢子囊及孢囊梗
（引自江苏省农业科学院，1984）

匍枝根霉菌分为营养菌丝和气生菌丝。营养菌丝在受害部穿透寄主组织，深入内部；气生菌丝生长于薯皮外，每个隔一段距离作匍匐状蔓延。菌丝无色无隔，初为灰白色，后变为暗褐色，以假根固定于薯块上。在PDA平板上菌丝生长迅速，菌丝灰白色，长满整个培养皿，菌丝上生有黑色孢子囊（图2-76，图2-77）。无性繁殖时在与假根相对的菌丝上长出二至数根直立的、灰褐色的孢囊梗，顶端形成孢子囊。孢子囊球形或近球形，成熟后呈黑色（图2-78）。孢子囊壁破裂后，释放出大量的孢囊孢子（图2-79），遇到适宜的条件，萌发产生芽管，进一步发展为无隔菌丝。有性世代产生结合孢子，但不常见，接合孢子黑色，球形，表面有突起。

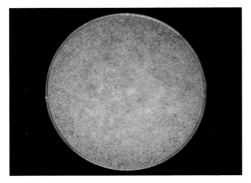

图 2-76　匍枝根霉菌在 PDA 上培养 3d 的形态特征

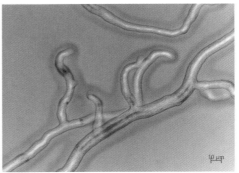

图 2-77　匍枝根霉菌菌丝在显微镜下的形态

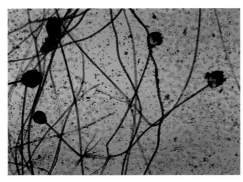

图 2-78　匍枝根霉菌孢子囊

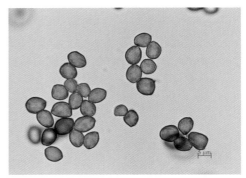

图 2-79　匍枝根霉菌孢囊孢子

另一个主要的病原菌为米根霉（*Rhizopus oryzae* Went Prins. -Geerl.），在 30℃以上较为常见。此外，根霉属和毛霉菌属其他种也能侵染甘薯，但是毛霉菌属相比根霉属能够在更低的温度（2 ～ 5℃）下进行侵染。

发病规律

匍枝根霉菌接合孢子为休眠孢子，经过休眠阶段后，萌发短形芽管，并于芽管顶端形成孢子囊，孢子囊能存活数月，度过恶劣环境，并具有高度腐生性。病残体上的菌丝体也能以腐生状态存活。病原菌孢囊孢子附着在受害作物或贮藏窖壁内越冬，萌发后自寄主伤口侵入，成为初次侵染源。可通过薯块接触，从病薯传到健薯。孢囊孢子还可通过蝇类、鼠类或空气传播到另一个薯块上。再次侵染是从患病组织所产生的孢囊孢子开始，在大气和土壤中均有病原菌孢子存在，因此，受损伤的薯块极易发病。此菌不侵染生长旺盛的健康寄主组织，只侵染受伤的部位。病原菌产生的孢子囊可借助气流进行再次侵染，侵入后，病原菌产生果胶酶、淀粉酶及纤维素分解酶，分解细胞中胶层及其他成分，使组织瓦解腐烂。

通风不良、高湿和温度偏低等情况都利于甘薯发病。适宜的发病温度为15～23℃，湿度为75%～85%。当温度高于29℃，相对湿度在95%以上时，孢子萌发受阻，发病率较轻。

防治方法

黑根霉菌分布广泛，腐生性强，极难清除，有效的防治方法是以预防为主，尤其是要防止薯块破伤和遭受冷害，杜绝病原菌侵入。

（1）**农业防治** 适时收获，防止薯块遭受冷害及损伤。一般甘薯在15℃以下即停止生长，9℃以下会遭受冷冻害。要选晴天收获，挖薯时要轻挖、轻装、轻运、轻卸，尽量避免或减少产生伤口；精选健薯贮藏，加强贮藏期管理。在甘薯进入贮藏库前，要精选，凡带病、虫、伤、受冷冻害薯块应严格剔除；如有可能进行伤口高温愈合处理，根据湿度及通气情况，甘薯入窖初期15～20d内，薯块呼吸作用强，湿度大，应该加强通风，散去水分，湿度控制在90%～95%。贮藏温度保持在12～15℃，贮藏期间发现病薯及时拣出。

（2）**化学防治** 贮藏库或地窖可用硫黄熏蒸消毒，消毒时应密闭2d，然后使用。另外可用50%甲基硫菌灵可湿性粉剂500～700倍液，或用50%多菌灵可湿性粉剂500倍液，浸蘸薯块1～2次，晾干后及时入窖。此外80%多菌灵可湿性粉剂和70%甲基硫菌灵可湿性粉剂对甘薯软腐病有较明显的抑制作用，可以作为甘薯贮前处理药剂。

2.12　甘薯菌核病

分布与危害

甘薯菌核病（Sclerotinia rot or Pink rot）是由核盘菌 [*Sclerotinia Sclerotiorum* (Lib.) de Bary] 引起的一种苗圃和大田都可发生的真菌病害，在新西兰是危害最重的苗圃病害。目前，我国江苏、山东、浙江、福建和台湾等省份都有发现。该病在贮藏期和育苗期均可发生危害，可危害甘薯叶片、茎基部和薯块等各个部位，对甘薯的生长、产量和品质有很大的影响。菌核病是一种重要的土传病害，病菌寄主范围十分广泛，还侵染葫芦科、茄科、十字花科、豆科、菊科、伞形花科、藜科和百合科等多种蔬菜。

症状

菌核病在发病部位产生水渍状、不规则形褐色病斑，后期病部有白色菌丝体并产生大小不同的菌核。危害茎秆，可使茎秆中空，使其组织呈纤维状并伴有菌核。甘薯幼苗受害初期病斑呈淡黄色水渍状，湿度高时呈水烂状，有的病斑呈梭形，凹陷，多危害茎基部（图2-80）。由于水分失调，地上叶开始发黄，后脱落，薯块上呈水渍状，褐色，软腐病斑近圆形。上面有白色菌丝体，以后菌丝结成黑色鼠粪状菌核（图2-81）。

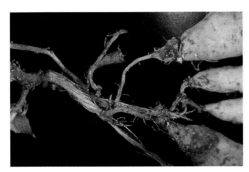
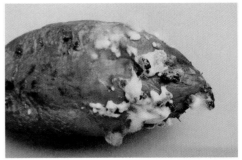

图2-80 甘薯菌核病田间发病状 　　　　图2-81 发病薯块上白色菌丝和黑色菌核
（引自Clark et al.，2013） 　　　　　　 （引自Clark et al.，2013）

病原

病原菌为核盘菌 [*Sclerotium Sclerotiorum* (Lib.) de Bary] 属子囊菌亚门，盘菌纲，柔膜菌目，核盘菌科。菌核表面黑色，内部白色，鼠粪状。菌丝不耐干燥，相对湿度在85%以上才能生长。对温度要求不严，在0～30℃都能生长，以20℃为最适宜生长温度，是一种适合低温高湿条件发生的病害。菌核是病害初次侵染来源，一个菌核上产生1～9个子囊盘。子囊盘口状，初为淡黄褐色，后为褐色。子囊棍棒形或椭圆形，无色，大小为 (91～125)μm×(6～9)μm。子囊孢子单细胞，椭圆形，大小为 (9～19)μm×(3～6)μm。

发病规律

病原菌以菌核在土壤、病株残体上或种子中越冬，至少可存活2年。菌核萌发时，产生菌丝，直接侵染寄主茎基组织产生子囊盘，子囊盘开放后，子囊孢子已成熟，稍受震动就一齐喷出，子囊孢子，随风雨、昆虫传播，首次侵染茎、叶等部位，在田间主要以菌丝通过病健株或病健组织的接触进行再侵染，也可通过在病害流行期间产生的新菌核，萌发产生子囊盘释放子囊孢子或直接发育成菌丝体，进行扩大侵染。南方2～4月及11～12月适其发病。本病对水分要求较高，在相对湿度高于85%、温度为15～20℃时，有利于菌核萌发和菌丝生长、侵入及子囊盘产生。因此，低温、湿度大或多雨的早春或晚秋有利于该病发生和流行，菌核形成时间短，数量多。连年种植的田块、排水不良的低洼地或偏施氮肥或遭受霜害、冷冻害的田块发病重。

防治方法

（1）**严格检疫**　禁止调运带病种薯种苗，防止病害传播蔓延。

（2）**农业防治**

①选用抗病品种。不同品种间甘薯块根抗性差异显著，种植抗病品种，可有效减少病害损失，如美国品种Beauregard具有显著的抗性。

②无菌种薯。无病地作繁苗地，用健康、无病种薯进行排种育苗，高剪苗，种植无菌薯苗。

③田间管理。加强育苗期管理，注意通风透光，调节温湿度。发现病株时，要立即拔掉销毁，以防蔓延。加强贮藏期后期管理。连作地由于菌核落在土中，连年积累，发病较重，轮作能减少田间菌源的积累。适时播种，合理密植，施足底肥，做到有机肥、氮、磷、钾肥合理配比。

（3）**化学防治**　选用50%多菌灵可湿性粉剂或70%甲基硫菌灵可湿性粉剂，按薯种重量的0.3%兑水均匀喷布薯种，闷种5h，晾干后种植；大田发病初盛时，用50%腐霉利可湿性粉剂1 500倍液，或50%多菌灵可湿性粉剂500倍液喷雾防治，施药时重点喷茎基部，隔7～10d喷1次，连续防治2～3次。或选用80%腐霉利可湿性粉剂1 000倍液、50%异菌脲可湿性粉剂1 000倍液或50%多菌灵可湿性粉剂800～1 000倍液，隔5～7d喷1次，连续防治2～3次。

2.13　甘薯爪哇黑腐病

分布与危害

甘薯爪哇黑腐病（Java black rot）又称炭化病，是由可可毛色二孢 [*Lasiodiplodia theobromae* (Pat.) Griffon & Maubl.] 引起的一种贮藏期真菌病害。1896年在美国首次被发现报道，是美国南部地区甘薯贮藏期具破坏性的病害之一，也是世界热带和亚热带地区甘薯贮藏期重要病害之一。该病20世纪80年代在我国南方局部地区就有发生，近年来逐渐成为南方薯区重要的贮藏性病害之一。该病病原菌寄主范围广泛，可以侵染58科138种植物并导致很多作物发生贮藏期黑腐病。

症状

通常从甘薯的一端或两端以及表面存在的伤口开始发病，发病的薯端失水干缩，多从薯块的一端向另一端蔓延，有时腐烂受限于薯块两端，不再蔓延到整个薯块（图2-82，图2-83）。病斑初期呈棕褐色，后变为黑色。薯块表面出现大量密集的、碳黑色的半圆形瘤状突起，散发出大量的黑色粉末状分生孢子，干缩的薯块变得异常坚硬（图2-84，图2-85）。受到病原菌侵染，甘薯表皮由棕色逐渐变成黑色，出现圆形凹陷病斑与黑色瘤状突起的中心。

图2-82　发病薯块症状

图2-83　发病薯块纵切剖面

图2-84　发病薯块主要症状

图2-85　发病薯块散发出大量黑色分生孢子

病原

病原菌为可可毛色二孢 [*Lasiodiplodia theobromae* (Pat.) Griffon & Maubl.，异名为 *Diplodia tubericola* (E. et E.) Taub]，广泛分布在热带和亚热带地区，寄主已达500种，可导致寄主产生梢枯、根腐、果腐、枯萎、流胶、叶斑和丛枝等症状。

在25℃恒温培养箱中，可可毛色二孢在PDA上菌丝生长良好，菌落呈圆形，紧贴着培养基呈等径辐射生长，菌丝絮状，48h长满培养皿，随着气生菌丝生长，在培养皿中央聚集，呈浅灰色绒状（图2-86）。3d后菌落变为灰黑色，在培养基背面呈黑色。20d后，菌丝团顶端产生黑色子座。分生孢子器分散或聚生于子座内，为球形或不规则形，褐色至黑色，大小为（200～300)μm×（200～350)μm。分生孢子梗位于分生孢子器内壁，无色、单细胞或多细胞、杆状、不分枝，分生孢子初为单细胞，无色（图2-87），成熟时褐色至暗褐色，厚壁，双细胞，基部平截（图2-88），近卵圆形或椭圆形，大小为（20～30)μm×（10～15)μm。

假可可毛色二孢（*L. pseudotheobromae*）也是爪哇黑腐病的病原菌。温度为25℃时，假可可毛色二孢在PDA上菌丝生长速度较快，48h长满培养皿，气生菌丝发达，相比可可毛色二孢，菌丝多簇状直立生长，菌落形态也有一定差异（图2-89）。分生孢子初期透明无色，单胞，卵形或椭圆形，壁厚，表面光滑，成熟后深褐色，双胞，有隔。

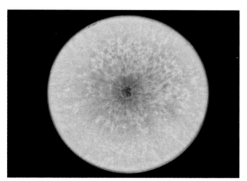

图2-86　可可毛色二孢在PDA上的培养特征

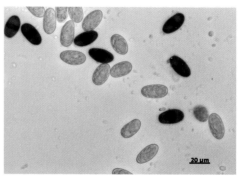

图2-87　可可毛色二孢不成熟的分子孢子

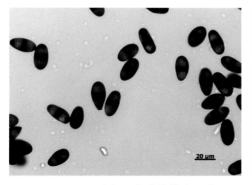

图2-88　可可毛色二孢成熟的分子孢子

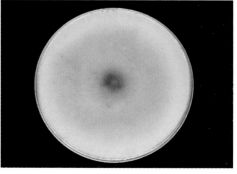

图2-89　假可可毛色二孢在PDA上的培养特征

发病规律

病菌主要在种薯和土壤中的病残株上越冬，成为翌年发病的初次侵染来源。病原菌的分生孢子可以在土壤中存活好多年。菌丝不能侵染没有伤口的薯块，病原菌主要通过收获薯蒂和薯尾或者伤口侵入。带病种薯，不仅是病害的主要传播者，而且通过引种还可作远距离传播。甘薯小象甲和蛴螬，也会携带病原菌并进行传播，而且它们造成伤口也有利于病原菌的侵染。该病害发病温度为20～35℃，对于湿度要求不高。分生孢子可在6h时间内完成萌发和侵入。随着贮藏时间的延长，甘薯薯块越来越易感病。

防治方法

该病为贮藏性病害，采取预防为主，综合防治的措施。

（1）**农业防治**

①选用抗病品种，不同品种间甘薯块根抗性差异显著，应选育抗病品种，种植抗病品种，可有效地减少病害的发生。

②避免收获损伤，及时安全贮藏。收获前应将贮存甘薯的箱子或者塑料筐等容器进行清洗和消毒。晴朗的天气，在田间无积水条件下进行收获，但是要注意薯块避免长时间暴露于高温或低温下。尽量减少收获期间的损伤，在进入贮藏库或地窖前严格剔除病薯后，立即对薯块进行高温愈合，然后贮存于约16℃的贮藏库或者地窖。

（2）**化学防治**　用25%多菌灵可湿性粉剂或50%多菌灵可湿性粉剂，按薯块重量的0.5%～1%兑水配成药液浸泡薯块，兑水量以能淹没薯块为准。薯块在药液中浸泡24h，晾干后贮藏。育苗时，应使用噻苯达唑的悬浮液处理薯块，能够有效减少发病。

2.14　甘薯干腐病

分布与危害

甘薯干腐病（Dry rot）是甘薯贮藏期的主要病害之一。该病害曾经在美国普遍发生，近年来没有引起较大的损失，相关研究较少。该病害在浙江、四川、广东等省份发生较为普遍，发生严重时甚至全窖发病，造成重大经济损失。调查发现，在广东和浙江两省该病的发生呈逐年增长的态势。

症状

病原菌侵染薯块几周后可引起整
个薯块腐烂，但更多的是只限定在薯
块两端，不再扩展。一般从甘薯末端
开始形成坚硬的棕褐色腐朽块，最后
皱缩干硬，表皮褐色，或发病部位薯
皮不规则收缩，薯肉变成海绵状。随
着病情加重，在薯块上形成黑褐色凹
陷病斑，边缘清晰，薯肉呈干腐状腐
烂（图2-90）。表面产生丘疹状突起，

图2-90 薯块干腐病症状

为病原菌的分生孢子器（图2-91），黑色小点覆盖整个表面，患病薯块组织初
为棕褐色后呈煤黑色（图2-92）。用染病的薯块育苗，病原菌可引起幼苗呈现
与黑斑病相似的红褐色至黑色腐烂症状。另外也可以引起甘薯茎基部的腐烂症
状，偶尔在腐烂的茎部可以看到黑色的小突起。

图2-91 发病薯块黑色丘疹状

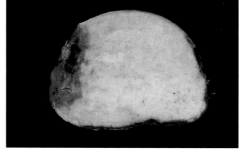

图2-92 患病薯块剖面图

病原

病原菌为甘薯间座壳菌 [*Diaporthe phaseolorum*（Cooke and Ellis）Sacc.，
同物异名为*Diaporthe batatatis* Harter and E. C. Field，无性型为*Phomopsis
phaseoli*（Desm.）Sacc]，属于子囊菌亚门，核菌纲，球壳菌目，间座壳科，
间座壳属。甘薯间座壳菌在PDA平板上，菌丝稀疏不均匀发散状生长，菌落
与培养基结合紧密，菌落正反面颜色一致，边缘不整齐（图2-93），子座发达，
子囊壳大小为（60～110）μm×（60～130）μm，近球形，有长须，以长颈伸出
子座。子囊短圆柱形，基部有短柄，子囊柄早期胶化。子囊孢子圆形或纺锤形，

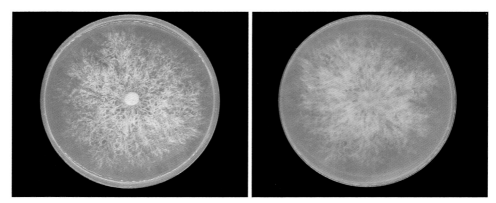

图2-93　甘薯间座壳菌在PDA平板上正面（左）和反面（右）菌落特征

双胞，无色。分生孢子单胞，椭圆形，大小为（3～5)μm×(6～8)μm。

发病规律

病原菌通过伤口侵染薯块。病原菌在豆科寄主上存在潜伏期，直到寄主接近衰老时才会被侵染。甘薯是否存在这种情况尚不清楚。薯块发病的适宜温度是20～28℃，高温不易发病。传播途径是带菌的种薯和土壤。多种杂草都是该病原菌的寄主，番薯属其他种常常表现为无症状。

防治方法

正确的防控方法能够降低该病的发病率，减轻危害。

（1）**农业防治**　不同的品种存在明显的抗性差异，选育和利用抗病品种；科学管理，安全贮藏，小心收获，避免造成创伤；收获后，及时进行高温愈合。

（2）**化学防治**　利用薯块育苗时，选用50%甲基硫菌灵可湿性粉剂500～700倍液，或50%多菌灵可湿性粉剂500倍液，浸蘸薯块1～2次，晾干入窖。

2.15　甘薯镰刀菌干腐病

分布与危害

甘薯镰刀菌干腐病（Fusarium root rot）是甘薯贮藏期重要病害之一，在江西、山东、浙江、广东等省份发生非常普遍。近年来，在广东收获的秋薯，贮存不当，损失率在20%以上，气温升高后，在甘薯爪哇黑腐病、白绢病、干腐病等多种病害以及小象甲共同危害下，可使整个仓库发病，造成重大的经济损失。

症状

干腐病的最初症状在收获后几周内显现出来，也有些干腐病症状出现的相对晚些。甘薯镰刀菌干腐病在收获初期和整个贮藏期均可侵染危害。发病早期部分薯皮不规则收缩，皮下组织呈海绵状，淡褐色，病斑凹陷，薯块表面布满白色菌丝，剖视病斑组织，上层为褐色，下层为淡褐色糠腐状，进一步发展时，薯块腐烂呈干腐状，后期才明显见到薯块表面产生圆形或不规则形凹陷病斑（图2-94，图2-95）。

图2-94　甘薯镰刀菌干腐病症状

图2-95　干腐病发病薯块表面白色菌丝

广东干腐病引起的甘薯症状与传统的镰刀菌干腐病症状并不相同，主要表现为从甘薯的一端或伤口处开始腐烂（图2-96），皮下组织呈海绵状，淡褐色，病斑凹陷，病斑上面长出白色菌丝（图2-97），随着病斑扩展，整个薯块全部腐烂，薯块上布满白色菌丝（图2-98），薯块皱缩，剖视整个薯块，呈干腐状（图2-99）。

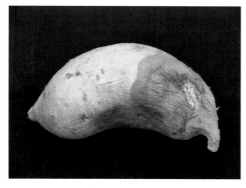
图2-96　广东干腐病发病薯块典型症状

图2-97　广东干腐病发病薯块剖面

图2-98　广东干腐病发病薯块晚期症状

图2-99　广东干腐病发病薯块晚期剖面

病原

病原菌属半知菌亚门镰刀菌属真菌，包括串珠镰刀菌 [*Fusarium monili-forme*（Sheldon）Snyd. & Hans.]、尖镰刀菌 [*Fusarium oxysporum*（Schlecht.）Snyd. & Hans.] 和腐皮镰刀菌 [*Fusarium solani*（Sacc.）Mart.] 等。尖镰刀菌和腐皮镰刀菌除产生大、小型分生孢子外，还可产生厚垣孢子，小型分生孢子假头状着生。串珠镰刀菌不产生厚垣孢子，小型分生孢子念珠状串生。大型分生孢子多细胞，具有3～5个隔，镰刀型。小型分生孢子单细胞，椭圆形至卵圆形，具有0～1个隔，分生孢子为内壁芽生式。

发病规律

病菌以分生孢子或菌丝体在土壤和病残组织中越冬，翌年以分生孢子完成初侵染和再侵染。用病薯育苗，可直接侵染幼苗。通过空气、水流、机械设备从块茎皮孔、芽眼等自然孔口以及运输或其他病害造成的伤口侵染薯块，被侵染的薯块发病腐烂，污染土壤，进而再次附着在收获的甘薯块茎表面。或带菌薯苗在田间呈潜伏状态，成熟期病菌通过维管束到达薯块。发病适温为20～28℃，32℃以上病情停止发展。随着贮藏期的延长，发病率增加，温湿度较大时，薯块发病较重。

防治方法

（1）**农业防治**　培育无病种薯，选用3年以上的轮作地作为留种地，从春薯田剪蔓或从采苗圃高剪苗栽插夏秋薯。精细收获，小心搬运，避免薯块受伤，减少感病机会；清洁薯窖，消毒灭菌。旧窖要打扫清洁，或将窖壁刨一层土，然后用硫黄熏蒸（硫黄使用量为15g/m³）。北方可采用大屋窖贮藏，入窖初期进行高温愈合处理。

（2）**化学防治**　种用薯块入窖前用50%甲基硫菌灵可湿性粉剂500 ~ 700倍液，或50%多菌灵可湿性粉剂500倍液，浸蘸薯块1 ~ 2次，晾干入窖。

2.16　甘薯斑驳坏死病

分布与危害

甘薯斑驳坏死病（Mottle necrosis），又称为白腐病。1900年美国首次发现该病。一般情况，该病害在美国寒冷地区发生更为严重，但在路易斯安那州等温暖地区也造成了一定的损失。该病害在土壤湿度过高的情况下会造成重大损失。目前，美国和日本已报道该病，2017年我国内蒙古报道了该病病原菌引起的甘薯根腐病，2019年我国河北报道发现了该病。

症状

甘薯斑驳坏死病主要引起田间薯块腐烂，但是，在贮藏期间病害不进一步引起薯块腐烂。大田甘薯生长初期出现植株显著矮小、叶片由下向上干枯脱落，最终致全株枯死的现象。染病植株受害根尖或根中部变黑，发病重的根部全腐烂。这个病害存在三种典型症状。

带状腐烂类型（图2-100），与甘薯软腐病环状坏死的症状难以区分。病斑通常不凹陷，不像大理石和奶酪状坏死，非常浅，通常限制在皮层。发病的组织坚硬，呈巧克力褐色。病斑倾向于从发病点横向延伸而不是纵向，从而形成带状或环状症状。

大理石状腐烂类型（图2-101），在温度为18℃以上时发生。薯块外部症状包括轻度凹陷，棕色斑点，小而圆到相对较大的斑点，形成不规则的病斑。

图2-100　带状腐烂类型

（引自Clark et al., 2013）

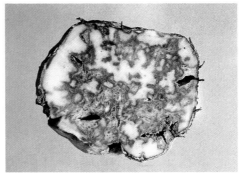

图2-101　大理石状腐烂类型

（引自Clark et al., 2013）

切开发病的块根，可以看到干枯、深灰色至棕色的坏死组织和未坏死的薯肉，这些坏死的组织相互连接。薯块内部的发病程度与薯块表面的症状无关。薯块表面为小病斑，内部可能已经严重腐烂，反之亦然。

奶酪状腐烂类型（图2-102），该症状很容易与甘薯茎腐病和甘薯软腐病相混淆。当温度低于18℃时，这种类型症状更容易发生。发病的薯块组织如同软奶酪一样，颜色与健康薯肉相同或略呈灰色，病斑大并呈连续状。

病原菌引起不定根腐烂的症状不明显，很难与立枯丝核菌（*Rhizoctonia solani*）和甘薯链霉菌（*Streptomyces ipomoeae*）引起的不定根腐烂相区分。一般情况下，受侵染引起的不定根腐烂多位于距离根端几厘米处。发病的根可能会变成浅棕色至深黑色，其皮层可能会脱落，留下相对完好的中柱。此外，还可引起在苗床上与基质相接触的茎枝腐烂（图2-103）。

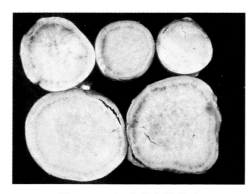

图2-102　奶酪状腐烂类型
（引自 Clark et al.，2013）

图2-103　在苗床上茎枝腐烂症状

病原

该病害主要的两种病原菌为终极腐霉（*Pythium ultimum* var. *ultimum* Trow）和硬腐霉（*P. scleroteichum* Drecher）。终极腐霉引起甘薯猝倒病、根腐和软腐，硬腐霉常常引起薯块斑驳坏死和不定根腐烂。此外，刺腐霉（*P. spinosum* Sawada）、瓜果腐霉 [*P. aphanidermatum*（Edson）Fitzp.]、*Phytophthora* spp. 和 *Pythium* spp. 也被认为是该病的病原菌。

终极腐霉（*P. ultimum*）在PDA平板上菌丝发达，棉絮状。菌丝膨大体近球形，直径大小为15.07～28.25μm，通常不形成孢子囊。藏卵器球形或卵圆形，直径大小为18.31～27.51μm，平滑，多顶生。每个藏卵器有1～3个雄器，多为囊状，紧靠藏卵器，有柄或无柄，同丝生多，偶有异丝生和下位生。

卵孢子平滑近球形，直径大小为15.07 ～ 21.02μm，不满器。

硬腐霉（*P. scleroteichum*）在PDA平板上菌落为白色绒状，低矮，后期形成大量卵孢子，致使菌落及培养基呈黄褐色。菌丝发达，直径大小为2.5 ～ 7.0μm，棍棒状的附着胞直径大小为5 ～ 12μm。藏卵器光滑、球形，顶生或间生，直径大小为21 ～ 27μm。每个藏卵器上的雄器数量为1 ～ 3个，多同丝生，少异丝生，雄器不分枝或分枝，有较长的柄。卵孢子呈黄色，直径大小为15 ～ 22μm，不满器。

发病规律

病原菌常侵染甘薯不定根，病斑多位于根毛处，因此，推测薯块症状是由病原菌通过侵染不定根进入薯块的。薯块内部菌丝迅速生长，菌丝借助附着胞和狭细长的穿透钉，以直角状穿透细胞壁。

Pythium spp.在土壤中普遍存在，引起苗床甘薯的不定根腐烂，随后在田间继续发病。斑驳坏死病受土壤质地、水分、温度等环境因子影响较大。与土壤为沙地或板结的农田相比，土壤质地中等的农田更容易发生这种病害。在凉爽的雨季之后，收获较晚的甘薯受该病危害最严重。

在培养基上病原菌最适合生长的温度为25 ～ 32℃，但接种薯块后适合发病的温度为12 ～ 15℃。大理石状腐烂类型多发生在温度22℃以上，奶酪状腐烂类型常见于温度18℃以下。腐霉引起的不定根腐烂多发生在苗床上，特别在湿润的沙质土壤苗床上较为常见，但是病原菌在甘薯生长期内的根上均有分布。

防治方法

提早收获甘薯是避开病原菌的侵染十分有效的措施，即在凉爽、潮湿的环境条件前收获。此外，通过轮作能够有效地减少病菌的数量，减轻发病。选育和种植抗病品种是最根本的解决方法。

2.17　甘薯斑点病

分布与危害

甘薯斑点病（Phomopsis leaf spot or Phyllosticta leaf blight）是由甘薯叶点霉 [*Phyllosticta batatas* (Thum.) Cooke] 引起的一种甘薯叶部真菌病害，广泛分布于世界热带和亚热带甘薯产区。我国辽宁、四川、浙江、江苏等省份报道过该病害。虽然该病分布广泛，但是目前未见该病引起严重的产量损失或薯块品质下降的报道。

症状

甘薯斑点病主要危害叶片。在叶片上病斑呈现圆形或不规则形，大小为3～8mm，中心呈灰白色、黄褐色或棕色，边缘多为黑棕色至紫色，病斑初时红褐色，后变成灰色（图2-104）。病斑边缘稍隆起，斑面上散生许多小黑点。发病严重时，病斑连片或病斑布满叶片，致使叶片局部或整个叶片干枯。病斑中央散生黑色分生孢子器是该病害的典型症状，也是诊断该病害的标志。

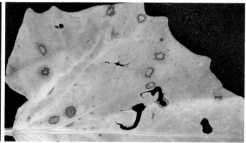

图2-104　甘薯叶片斑点病典型病斑症状

病原

病原菌为甘薯叶点霉 [*Phyllosticta batatas* (Thum.) Cooke]，属半知菌亚门，腔孢纲，球壳孢目，球壳孢科。分生孢子器近球形，具孔口，直径大小为100～125μm。分生孢子梗短，分生孢子卵圆形或长圆形，单胞，无色，内含1～2个油球，大小为 (2.6～10)μm×(1.7～5.8)μm。

发病规律

在南方周年种植甘薯的温暖地区，病原菌辗转传播危害，无明显越冬期。北方病原菌以菌丝体或分生孢子器随病株残体在土壤中越冬。越冬病原菌翌年由分生孢子器溢出分生孢子，经风雨传播侵染。田间病原菌主要通过雨水溅射进行初侵染和再侵染。病原菌喜温、湿条件，发病适宜温度为24～26℃，相对湿度在85%以上，分生孢子溢出，扩散传播需叶面有水滴存在，生长期雨水多、降水量大、田间湿度大易于发病。地势低洼积水的田块发病重。

防治方法

（1）**农业防治**　田间发现病株及时摘除，收获后清除病残体，进行烧毁或深埋；选择地势干燥地块种植；重病地避免连作；增施有机肥，注意施用磷钾肥；雨后清沟排渍，降低湿度。

（2）化学防治 常发地或重病地在病害始期及时连续喷洒适量70%甲基硫菌灵可湿性粉剂600倍液或者75%百菌清可湿性粉剂600倍液，隔10d左右1次，注意喷匀喷足，连续防治2～3次。

2.18　甘薯叶斑病

分布与危害

甘薯叶斑病（Cercospora leaf spots or Pseudocercospora leaf spots），又称甘薯褐斑病。该病实际是指两种症状非常相似但又不同的两种病害。帝汶假尾孢菌 [*Pseudocercospora timorensis*（Cooke）Deighton] 引起的叶斑病，最早发现于非洲，主要发生在非洲、亚洲和大洋洲。甘薯尾孢菌 [*Passalora bataticola*（Cif. Bruner）U. Braun Crous] 引起的叶斑病首先发现于美国佛罗里达州，主要发生在南美洲和加勒比地区。这两种叶斑病广泛分布在温暖潮湿的热带地区。该病在我国广东、广西发病普遍，危害轻微。

症状

甘薯叶斑病主要危害叶片。两种病原菌引起的病斑症状非常相似，一般情况下，帝汶假尾孢菌（*P. timorensis*）引起的叶斑较大，病斑直径通常小于10mm，最大可达15mm，病斑多为圆形或不规则形，最初呈黄绿色或黄色，逐渐转为暗褐色（图2-105）。病斑中央浅褐色，当田间湿度大时，病斑正反面生出灰褐色霉层。当病斑多时受害叶片即枯黄脱落。

甘薯尾孢菌（*P. bataticola*）引起的叶斑直径通常小于8mm，偶尔达到10mm（图2-106）。斑点生于叶的正背两面，圆形或不规则形，通常多斑愈合

图2-105　帝汶假尾孢菌引起的叶斑症状

图2-106　甘薯尾孢菌引起的叶斑症状

成不规则的大型斑块，有时整个叶片均为大片愈合斑，叶面斑点中央灰白色或黄白色，边缘围以褐色至暗褐色细线圈，叶背斑点浅褐色至灰褐色。

病原

病原菌帝汶假尾孢菌 [*Pseudocercospora timorensis*（Cooke）Deighton，同物异名为 *Cercospora timorensis* Cooke] 属半知菌亚门，丝孢纲，丛梗孢科。子座生在气孔下不发达，褐色。分生孢子梗浅褐色，成簇密生，稍弯曲偶尔分枝，0～2个分隔，大小为（5～50）μm×（2.5～5）μm。分生孢子无色至浅褐色，圆筒形或倒棍棒状，直或略弯曲，0～5个隔膜，基部呈倒长圆锥状，且底平切状，大小为（20～100）μm×（2～4）μm。

甘薯尾孢菌 [*Passalora bataticola*（Cif. Bruner）U. Braun Crous，同物异名为 *Cercospora ipomoeae* G. Winter] 子实体叶两面生。子座无或小，仅由少数褐色球形细胞组成。分生孢子梗单生或3～25根稀疏至紧密簇生，浅褐色至中度褐色，向顶近无色，宽度较规则，直立或弯曲，不分枝，1～7个曲膝状折点，顶部圆锥形平截、近平截至平截，1～6个隔膜，大小为（16.0～118.0）μm×（4.0～6.0）μm。分生孢子针形，无色，直立或弯曲，顶部尖细，基部平截，隔膜不明显，大小为（18.0～221.0）μm×（2.5～5.0）μm。

发病规律

病菌主要以子座在病残体上越冬，翌年条件适宜时长出分生孢子梗，产生分生孢子，通过雨水、气流或昆虫传播进行初侵染，在甘薯苗生长期间病斑不断产生分生孢子进行再侵染。

防治方法

（1）**农业防治**　苗床和有苗地注意通风透光，湿度不要过大。当田间出现零星病株时，及时摘除病叶或拔除病苗带出田外销毁，收获后清除田间病残体。

（2）**化学防治**　发病初期可喷1%波尔多液、50%萎锈灵乳油800倍液或58%甲霜灵·锰锌500倍液，每2周喷施1次，连续防治2～3次。生长期叶面喷施苯并噻二唑（BTH）和植保素等诱抗剂，可诱导植物体对病毒、真菌等产生广谱抗性，能有效地钝化病毒、抑制病毒在植株体内扩散和增殖，抑制真菌侵染，降低叶斑病危害。

2.19　甘薯白锈病

分布与危害

甘薯白锈病（White rust or White blister）是由旋花白锈［*Albugo ipomoeae-panduranae*（Schw.）］引起的一种甘薯病害。该病在世界发生较为普遍，一般不会造成较大的经济损失，但是在温暖潮湿的条件下可能会引起一定的危害。在我国河南、浙江、江苏、台湾均有发生，而在广东暂未发现该病害。

症状

甘薯白锈病主要危害叶片，偶尔发生于幼茎。最初在叶片正面出现淡黄绿色至黄色斑点，后病斑扩大，逐渐变为褐色（图2-107）。同时叶背面对应着生白色隆起状疱斑，近圆形或椭圆形至不规则形，有时连接成较大的疱斑，后期疱斑破裂，散出白色孢子囊（图2-108）。叶片受害严重时病斑密集，病叶出现皱缩畸形（图2-109），

图2-107　甘薯白锈病叶片症状

（引自 Clark et al，2013）

叶片脱落。病部产生白色疱斑，是该病最主要的特征。病害发生严重时，侵染幼茎使其出现肥大畸形现象，叶柄也受害。

图2-108　白锈病后期白色隆起状疱斑

（引自余思葳等，2016）

图2-109　白锈病后期叶片畸形

（引自余思葳等，2016）

病原

病原菌为旋花白锈 [*Albugo ipomoeae-panduranae* (Schw.) Swingle，旧称 *Albugo candida* (Pers.) Kuntze)] 属鞭毛菌亚门，卵菌纲，霜霉目，白锈科，白锈属。孢子堆着生在叶、茎、蔓、萼片上，叶背面孢子堆白色至淡黄色，圆形、近圆形，有的周围具黄色晕圈，嫩叶正面呈现"绿岛"，散生至群生，后者密集形成10mm×15mm的大疱斑，与叶背孢子堆相对叶正面为黄色、黄褐色枯斑，其上常有小型孢子堆。孢囊梗棍棒状，顶部略膨大，楔足明显，大小为（20～78)μm×(8～27)μm。孢子囊短圆筒形、椭圆形或近球形，无色，中腰膜常稍厚，大小为（13～24)μm×(13～22)μm，直径大小为15μm。卵孢子偶见，淡黄色至暗褐色，成熟时外壁有瘤状突起，直径大小为30～60μm。旋花白锈还可以引起牵牛花、雍菜等旋花科植物的白锈病。

发病规律

白锈病病原菌主要以卵孢子随病残体遗落在土壤、厩肥或种子中越冬，成为翌年的初侵染源。温度适宜时，卵孢子萌发产生游动孢子，游动孢子长出芽管从幼嫩叶片气孔侵入。田间发病形成中心病株，病部产生的孢子扩大再蔓延。孢子囊萌发温度为15～35℃，最适温度为25～30℃。一般只要植株叶面水膜保持5～6h，夜间温度21℃，在病菌数量充足条件下即可引起普遍发病。引起发病的主要因素有两个。一是温湿度，多雨潮湿和偏低的温度有利于病害的发生；温暖多湿的天气，特别是日暖夜凉或台风雨频繁的季节最有利于该病的发生流行。二是栽培管理，施氮肥过多，种植过密，田间郁闭通风透光性差的田块，发病较重。除病株带菌外，种子也常带菌，成为翌年侵染源。

防治方法

采取以加强栽培控病管理为主、药剂为辅的综合防治措施。

（1）**农业防治**　历年的重病田可与非旋花科作物轮作1～2年，当条件允许时，可与水稻轮作；甘薯品种对本病抗病性差异较大，选择抗病品种尤为重要；增施有机肥，采取前轻后重追肥，使植株生长健壮。夏秋季早晨浇水，冲掉叶面露水，切断病原菌侵染源。发现中心病株及时拔除，每年收获结束时清除病残体；翻晒土壤，促使病残体加速腐烂，减少初侵染菌源。同时加强田间通风透光、降湿。

（2）**化学防治**　发病初期喷洒53%精甲霜·锰锌水分散粒剂500倍液、64%噁霜灵·锰锌可湿性粉剂500倍液、25%嘧菌酯悬浮剂1 200倍液、40%乙膦铝可湿性粉剂300倍液、25%甲霜灵可湿性粉剂500倍液、72.2%霜霉威水剂1 000倍液防治，间隔10d施药1次，连续防治2 ～ 3次。

2.20 甘薯叶片褪绿畸形病

分布与危害

甘薯叶片褪绿畸形病（Chlorotic leaf distortion）于1990年首先被美国报道，随后巴西、秘鲁和东非也报道了该病。在我国，据调查，该病长期以来一直存在，只是该病危害不严重，没有研究者去对该病的病原菌进行分离鉴定。目前该病广泛分布于世界各甘薯产区。

症状

甘薯叶片褪绿畸形病常造成幼叶褪绿，典型症状为在新展开的叶片上覆盖着蜡质状的白色物质（图2-110），这些白色物质为病原菌的菌丝和分生孢子。当叶片刚展开时，叶片表面覆盖着白色蜡质状的菌丝团，有时叶片上菌丝可能会延伸出叶片的边缘（图2-111）。将未展开的叶片打开，可发现茂密的白色菌丝层。该病对甘薯的茎和花没有影响。发病植株如果遇到长时间的多云天气，则植株能够恢复正常。

图2-110　病株叶片白色菌丝与畸形症状　　　　图2-111　发病叶片边缘白色菌丝层

发病初期，在叶面中部形成没有明确边界的褪绿症状（图2-112）。随着病情的发展，褪绿加重可能导致整个叶片褪绿，新长出的叶片可能会扭曲畸形（图2-113）。一般情况下，紫色叶片的甘薯，受侵染的地方可能会出现粉红色，随着叶片的生长，染病区域恢复绿色，有时在叶片中心处有轻微的紫色。如果

图2-112　病株幼叶褪绿症状

图2-113　病株新长出的叶片白色菌丝和畸形症状

叶片褪绿畸形得不到改善，可能会导致茎端2～4个叶片出现严重的症状，在严重褪绿的叶片上可能会出现边缘坏死。

病原

病原菌为砖红镰刀菌（*Fusarium lateritium* Nees:Fr，同物异名为 *F. denticulatum* Nirenberg & O′Donnell）。在PDA上菌落边缘不整齐和具有粉白色的气生菌丝，PDA反面有橙色色素沉着，随后菌落中心变成了黑蓝色。病原菌典型特征是着生于分生孢子梗的瓶状枝有单一和多个，瓶状枝开口具有独特的齿状。气生分生孢子梗上产生的小型分生孢子有两种，一种是没有或有1个隔膜长卵圆形，另一种是3～5个隔膜镰刀形和梭形。分生孢子座产生的大型分生孢子具有3～5个隔，稍微呈镰刀状，顶端有喙状细胞，基部有足状细胞，大小为（3.6～3.9)μm×(38.0～45.0)μm。病原菌不能产生厚垣孢子。

发病规律

薯苗的茎尖很容易检测到病原菌，但是甘薯茎内部检测不到。病原菌主要分布在茎尖的表面、叶原基和幼嫩的叶片上。病原菌在甘薯植株具有附生生长习性，可导致放置在培养基上的茎尖组织坏死。目前，不清楚该病的初侵染机制。在没有其他接种源的情况下，经常在苗圃地发现该病害。利用染病植株扩繁会导致病害传播。发病植株上具有分生孢子，因此，在田间病原菌可以通过农事操作、雨水滴溅和风传播。

在甘薯杂交种子内部也检测到了病原菌，且不能通过消毒灭杀病原菌，因此，杂交种子也能够传播该病害，也是远距离传播的一个主要方式。此外发现，感染本病害的植株很少发生甘薯蔓割病，这种交叉保护作用机制尚不清楚，但可以利用这种特性筛选抗甘薯蔓割病材料。该病害受天气影响较大，在炎热、阳光充足、潮湿的天气该病发生严重，多云的天气症状减轻。该病害潜伏期长达3～6周。

防治方法

（1）**采用抗病品种** 不同品种之间存在显著的抗性差异。

（2）**农业防治** 种植脱毒健康种苗，利用脱毒健康种苗至关重要。通过组织培养进行茎尖脱毒，脱毒的种苗不带病原菌，因此，种植脱毒甘薯既是防治病毒病又是防治甘薯叶片褪绿畸形病最有效的途径。禁止从发病地区调运种薯种苗。另外甘薯种子上也携带有该病病原菌。

（3）**化学防治** 参考其他镰刀菌病害的防控方法。

2.21 甘薯灰霉病

分布与危害

甘薯灰霉病（Gray mold rot），早期被报道为贮藏期病害，常造成薯块腐烂变质。近年来，黄立飞发现在苗圃和温室中，如果通风不良、湿度大，甘薯茎、叶均可发病，发病严重时整株死亡，在全国各地均有发生。1918年Harter等首先报道在美国发生，在世界分布广泛。该病在低温条件下易发生，但是对甘薯生产影响不大。

症状

甘薯灰霉病最典型的症状是在发病部位表面着生大量灰白色霉层。在苗圃和温室中，通风不良、湿度过大，甘薯植株底部的叶片变黄枯死（图2-114），表面着生灰色霉层，然后沿着茎蔓叶片逐渐黄化枯死，随后茎蔓开始枯死，枯死的叶片不脱落，茎枝和叶片上着生灰色霉层（图2-115）。有些叶片发病从叶尖开始，沿叶脉间向内扩展，呈灰褐色，病健交界分明（图2-116）。多数茎枝多从伤口处开始发病枯死（图2-117），病斑逐渐向茎基部扩展，最后整株死亡。该病多从伤口处开始侵染薯块，病斑初期呈半湿性软腐，失去光泽，逐渐扩展。表面着生的稀疏灰色霉层，即病原菌分生孢子梗和分生孢子，薯肉组织变成米黄色至棕褐色，并有发霉味道。水分蒸发后，外表皮皱缩，变成坚硬的薯块。后期病薯表面形成不规则淡紫黑色或黑色菌核，大小不等，大小为1.5～12mm。

图 2-114　发病植株底部叶片变黄枯死

图 2-115　病株枯死茎枝和叶片上着生灰色霉层

图 2-116　叶尖开始发病

图 2-117　病斑向茎基部逐渐扩展

病原

病原菌为灰葡萄孢（*Botrytis cinerea* Pers.），属半知菌亚门，丝孢纲，丝孢目，淡色孢科。有性态是富氏葡萄核盘菌 [*Botryotinia fuckeliana*（de Bary）Whetzel.]，属于子囊菌衙门葡萄盘菌属，能产生菌核，菌核大小为 2～6mm，在自然条件下子囊和子囊孢子不常见。菌落扩展生长，初为白色至淡灰色，后变为暗褐色，形成黑色菌核。菌丝无色至褐色，任意分枝，具有隔膜。分生孢子梗粗大，数梗丛生，直立或稍弯曲，大小为（100～300)μm×(11～14)μm，淡褐色，具隔膜，顶端呈 1～2 次分枝，分枝的末端膨大，呈棒头状，上密生小梗，聚生大量的集结葡萄状分生孢子。分生孢子单胞，卵圆形、椭圆形，无色至淡褐色，大小为（9～16)μm×(6～10)μm。病原菌的寄主范围很广，侵染葡萄、番茄、茄子、草莓、黄瓜和冬瓜等多种作物的花、叶、果实及果柄等部位，引起灰霉病，是这些作物生产的巨大威胁。

发病规律

灰葡萄孢以分生孢子、菌丝体及菌核在土壤表面和土壤中的病残体上越冬，主要在收获和贮运过程中传播到薯块上。病原菌寄生能力弱，易从伤口侵入，使受冻或受伤的薯块染病。病原菌喜低温、高湿的环境，发病适温为7.4～13.9℃，20℃以上发病缓慢。薯块有冻害造成的伤口时极易受侵染。病原菌传播能力较强，分生孢子具有非常强大的空间飘移能力，随着空气或者农事传播到甘薯的植株上。空气湿度较高时，比较适合灰霉病病原菌孢子的萌发和传播，侵入受冷害和有伤口的薯块，引起贮藏期甘薯薯块的腐烂。

防治方法

参考甘薯软腐病的防治方法。此外，合理轮作、妥善处理发病病薯，可减少初侵染源，还可选用50%异菌脲可湿性粉剂1 000倍液、40%嘧霉胺可湿性粉剂1 000倍液或50%腐霉利可湿性粉剂1 500倍液，喷施2～3次，但应注意药剂轮换使用或混配使用。

2.22　甘薯青霉病

分布与危害

甘薯青霉病（Blue mold rot）只引起贮藏甘薯薯块腐烂变质，在世界各地均有发生，易在遭受低温冷害的薯块上发生，对生产影响不大，常导致甘薯外观品质降低。

症状

多发生在贮藏后期，温度低或薯块受其他菌寄生危害后容易发生。发病初期薯块表面产生颗粒状白霉，随后受害部分表面或者表皮下面产生大量的绿色至青绿色霉层（图2-118，图2-119），为分生孢子梗和分生孢子，薯肉组织比较柔软，不像软腐病稀软（图2-120），发出酒精味道。有创伤的薯块，伤口处产生大量青绿色霉层（图2-121），薯肉组织脱水绵软

图2-118　低温冷害后薯块表面大量白色至青绿色霉层

状腐烂（图2-122）。由于青霉属真菌致病力弱，因此甘薯青霉病的发生可能是甘薯其他病害引起薯块腐烂后导致青霉菌二次侵染，所以，青霉病症状可能有所差异，但是，最典型的症状是在破损处或发病薯块表面产生青绿色的霉层。

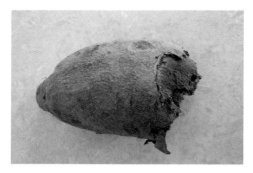

图2-119　患病薯块皮下大量青绿色霉层

图2-120　患病薯块剖面腐烂症状

图2-121　患病薯块伤口处大量青绿色霉层

图2-122　患病薯块组织脱水绵软状腐烂

病原

病原菌为半知菌亚门，丝孢纲，丝孢目，淡色孢科，青霉属。据报道，*P. expansum*、*P. bilaiae*、*P. variabile*、*P. rugulosum*、*P. solitum*　和*P. viridicatum*等6个种可引起甘薯青霉病，其中，扩展青霉（*P. expansum* Link）为主要病原菌。扩展青霉属于青霉亚属，菌丝有隔膜，多分枝。分生孢子梗自表生菌丝生出，单生、簇生或孢梗束状生。分生孢子梗茎大小为（200～500）μm×（3～4）μm，顶端呈帚状分枝，典型呈三层轮生。产孢细胞安瓿状，圆筒形。分生孢子椭圆形，光滑，无色，单胞，大小为（3～3.5）μm×（2.5～3）μm，形成不规则链状（陆家云，2001）。可侵染苹果、柑橘等，引起青霉病。

发病规律

甘薯青霉病主要发生于贮藏期。病原菌以腐生为主，致病力较弱。病原菌的分生孢子通过气流或者人工操作进行传播，多从受冻或受伤的薯块侵入，引起薯块腐烂，然后在病部产生大量的分生孢子进行再侵染。病原菌耐低温，即使在低温冷库贮藏的甘薯，如果有伤口，病原菌也会侵入导致薯块腐烂，无伤口和冻伤的薯块不受影响。

防治方法

参考甘薯软腐病的防治方法。此外，用硫黄熏蒸和甲醛喷雾对贮藏库或冷库进行消毒，或用50%甲基硫菌灵可湿性粉剂或50%多菌灵可湿性粉剂200 ~ 400倍液对甘薯包装筐和运输车辆进行消毒。

2.23　甘薯拟黑斑病

分布与危害

甘薯拟黑斑病（Similar black rot of sweetpotato），又称甘薯黑根病，是由根串珠霉 [*Thielaviopsis basicola*（Berk. et Broome）Ferr.] 引起的分布在陕西、山西、山东、湖南等省份的一种真菌性病害。美国只报道了根串珠霉属（*Thielaviopsis*）能够危害甘薯根茎，但未见详细报道。

症状

危害生长期的薯块，危害成熟的薯块，在北方多在晚秋发生，贮藏期也会发生。薯块表面产生不规则凹陷的淡褐色至黑褐色病斑（图2-123），严重时薯块上病斑连片（图2-124），后期病斑长出黑色霉状物，霉状物即病原菌的分生孢子梗和分生孢子。受害部有苦味，仅限于表皮附近，不深入薯内。

病原

病原菌为根串珠霉 [*Thielaviopsis basicola*（Berk. et Broome）Ferr.]，属半知菌亚门，丝孢纲，丝孢目，暗色孢科，根串珠霉属。有性态为长喙壳属（*Ceratocystis*）。分生孢子梗从菌丝侧生，无分枝，淡褐色，具隔膜。产孢细胞长瓶形，产孢瓶梗大小为（49.8 ~ 139.4）μm×（3.7 ~ 4.9）μm，产生两种孢子。一是外生厚垣孢子单生或串生于分生孢子梗的顶端或侧面，像多隔膜的分生孢子，后断裂成节孢子；断裂孢子两端平截，圆柱形，褐色，壁厚，光滑，单

图2-123　薯块表面产生不规则凹陷的黑褐色病斑

图2-124　黑褐色病斑连片形成不规则大斑
（引自郭书普，2012）

胞，顶端孢子顶部钝圆形，基部有1～3个无色透明的细胞，上面的细胞褐色，一般为4～6个，大小为 (9.9 ～ 14.9)μm × (7.4 ～ 19.9)μm。二是内生分生孢子，杆状至长圆形，无色透明，老熟期略带灰绿色，大小为 (7 ～ 17)μm × (2.5 ～ 4.5)μm，由产孢瓶梗内生，成熟后依次排出。对根串珠霉引起甘薯拟黑斑病的研究和报道较少，该病原菌寄主广泛，能够侵染豆科、茄科、葫芦科植物及田间多种杂草等33科137种的植物。

发病规律

根串珠霉为典型的土传病原菌。厚垣孢子和内生分生孢子在土壤、病残体中越冬，为初侵染源。远距离传播多依靠种薯种苗调运。22℃最适合病原菌生长。病原菌以厚垣孢子越冬后萌发侵入寄主，形成大量的厚垣孢子和内生分生孢子。孢子落入土壤中或留在病残体上，成为当年的再侵染源或翌年的初侵染源。土壤中病原菌的存活量直接影响病害的流行。一般厚垣孢子可存活3年以上，在土壤的病残体中能够存活4～5年；内生分生孢子在土壤中可存活10个月。田间发病的最适温度为17～23℃，15℃以下很少发病，26℃以上病害的严重度减轻，30℃病害发生危害很小。

防治方法

参考甘薯黑斑病的防治方法。此外，应实行3年合理轮作，避免与豆科、茄科和葫芦科植物轮作，最好进行水旱轮作。提前预防或发病初期可喷施70%甲基硫菌灵可湿性粉剂1 000倍液、50%多菌灵可湿性粉剂600倍液、80%代森锰锌可湿性粉剂500倍液和64%噁霜·锰锌可湿性粉剂500倍液。

2.24　甘薯炭腐病

分布与危害

甘薯炭腐病（Charcoal rot）是由菜豆壳球孢引起的甘薯贮藏期真菌病害，广泛分布于世界热带或亚热带甘薯产区。我国仅浙江和河北报道发生。炭腐病容易同黑斑病、拟黑斑病和爪哇黑腐病相混淆，目前对该病的研究较少。炭腐病一般不会对甘薯造成特别严重的损失。

症状

甘薯炭腐病主要危害贮藏期甘薯薯块，遇高温茎基部也会有病斑。侵染初期，病原菌在薯块皮层中扩展，后穿过维管束组织，可导致整个甘薯腐烂，但有时发病部位限制在薯块的一端或者两端，整个薯块不会腐烂。受侵染的薯块变干变硬，但薯皮仍然完好。病薯表皮呈死灰色，后期表皮易翘起，裸露炭黑色的薯肉。病健交接处染病组织成红棕色，发病薯肉呈灰白色，后颜色转浓并呈粉质状（图2-125），内有微细黑点，为病原菌的菌核，其后菌核不断增多，以致全部薯肉呈炭黑色干腐。有时菌核只在皮层产生，病薯质轻，粉碎后很像泥炭。该病害区别于其他贮藏期病害最典型的症状是染病组织表面散生许多小黑点（黑色菌核）（图2-126）。

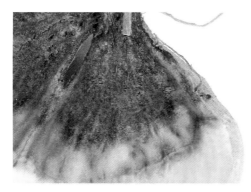

图2-125　菜豆壳球孢引起薯块腐烂症状

（引自 Clark et al.，2013）

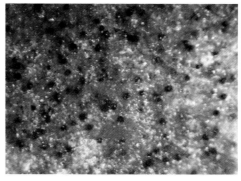

图2-126　在显微镜下菌核嵌入染病薯肉组织

（引自 Clark et al.，2013）

病原

病原菌为菜豆壳球孢 [*Macrophomina phaseolina* (Tassi) Goid.，异名为 *M.*

phaseoli（Maubl.）Ashby，*M. philippines* Petr.，*M. corchori* Sawada，*M. cajani* Syd.，*Sclerotium bataticola* Taub.，*Rhizoctonia bataticola*（Taub.）Butl.]，在甘薯中仅发现无性阶段的菌丝体和菌核。菌核在病薯块表皮下形成，黑色光滑，坚硬，近圆形至不规则形，直径大小为50～300μm，常与分生孢子器混生。其分生孢子长椭圆形至卵形，单胞，无色，少数双胞，大小为（14～29）μm×（4～6）μm。分生孢子器散生或者聚生，多数埋生，球形至扁球形，器壁暗褐色，炭质，直径大小为96～163μm。病原菌在PDA培养基上生长较快，初期为白色，气生菌丝较发达，呈绒毛状（图2-127），随着培养时间延长，菌落颜色变深呈黑色（图2-128）。病原菌生长适温为25～35℃，最适相对湿度为96%～100%，最适酸碱度pH为6～6.8。病原菌还能够侵染豇豆、菜豆、芝麻、大豆、烟草、棉花、花生和苜蓿等多种植物，引起炭腐病。不同地域分离到的菌株存在致病性差异。

 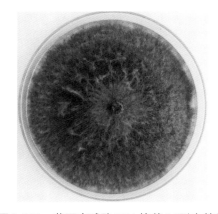

图2-127　菜豆壳球孢PDA培养4d形态特征　　图2-128　菜豆壳球孢PDA培养8d形态特征

发病规律

初侵染源主要是在种薯、土壤和病残体中越冬的病原菌菌核。菌核在土壤中可存活数年。病原菌从伤口侵入，病部产生的分生孢子和菌核借风雨、灌溉用水、动物和农具进行传播再侵染，远距离传播主要通过种薯的调运。在高温（35～39℃）和高湿下甘薯炭腐病会变得很严重。

防治方法

（1）**农业防治**　病原菌分布广泛，极难清除，要以预防为主，防止薯块破伤和受冷害或晒伤，入库贮藏前进行伤口高温愈合处理，然后放入12～15℃冷库贮藏；在田间要与禾本科作物实行3年以上的轮作，以降低菌源数量。

（2）**化学防治** 参考甘薯软腐病的防治方法。此外育苗和扦插前可用50%多菌灵可湿性粉剂或70%甲基硫菌灵可湿性粉剂、50%苯菌灵可湿性粉剂、50%咪鲜胺锰盐可湿性粉剂等药剂浸泡种薯种苗。

2.25 甘薯黑星病

分布与危害

甘薯黑星病（Alternaria rot）是由链格孢属引起的危害甘薯叶片、叶柄、茎蔓和薯块的真菌病害。在国际上链格孢属引起甘薯不同部位的症状，叫法并不相同，叶片上的叶斑症状叫叶斑病（Alternaria leaf spot），叶柄和茎部症状称为叶柄和茎部疫病（Alternaria leaf petiole and stem blight），薯块上症状称为链格孢菌腐烂病（Alternaria rot）。编者认为相同的病原菌即使在甘薯不同部位引起的症状不尽相同，但为了便于研究和防治归为一种病害比较好，本书一并将链格孢属 *Alternaria* 引起的病害作为甘薯黑星病进行介绍。病原菌引起的叶斑病主要发生老叶上，虽然发生比较广泛，但是对甘薯影响不大。引起叶柄和茎基部的疫病对生产影响较大，能够显著的减产，于1984年埃塞俄比亚发现，目前已是东非甘薯生产上的主要限制因素。

症状

甘薯黑星病主要侵染叶片、叶柄和茎蔓，亦可危害薯块。叶片发病，主要发生老叶上，初时产生水渍状褐色斑点，扩展后病斑呈褐色，大小1～5mm。后期病斑中心灰褐色，周围褐色，再外层为淡褐色，形成浓淡交替的同心轮纹。叶斑有时被黄色包围，叶斑病经常导致叶片穿孔（图2-129）。

叶柄及茎蔓上病斑灰色至黑色，病斑中心颜色浅，稍凹陷，梭形、纺锤形、椭圆形（图2-130）。天气干燥时，病斑呈灰白色，潮湿天气时，病斑扩大并呈黑色凹陷。发生重时，病斑包围叶柄，致使连接的叶片变黄干枯。湿度大时，病斑上产生淡黑色霉状物。随着病情的进展，病斑汇合，致使叶柄和茎蔓枯死，有时可引起落叶。

病原

据报道链格孢属的甘薯链格孢（*A. bataticola* Ikata ex w. Yamam）、链格孢 [*A. alternata*（Fr: Fr）Keissl（synonym *A. tenuis* Nees）] 和细极链格孢 [*A. tenuissima*（Nees & T. Nees: Fr）] 第三个种都可以引起甘薯黑星病，其中甘薯链格孢（*Altermaria batatcola* IKata）是最主要的致病菌，引起巴西、肯尼亚、南

图2-129　叶片上黄色包围的水渍状褐色斑点
（引自Clark et al., 2013）

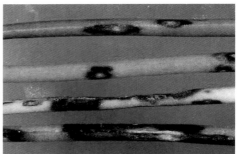

图2-130　叶柄和茎蔓上黑色坏死病斑
（引自Clark et al., 2013）

非等国家严重甘薯叶部和茎蔓疫病，也是我国黑星病的病原菌。该病原菌属半知菌亚门，丝孢纲，丝孢目，暗色孢科。分生孢子梗褐色，基部细胞稍大，不分枝，具有5～12个横向隔膜和0～8个纵向隔膜，大小为（15～18)μm×（120～160)μm；分生孢子倒棒形，光滑，从无色到浅棕色，顶端细长，孢子具纵横隔膜，大小（16～52)μm×（2～4)μm。

发病规律

链格孢属为机会致病菌，寄主范围广泛。病原菌主要以菌丝体在病残体上越冬，也可以分生孢子附着在种薯上在窖内越冬。病害的远距离传播主要通过带菌的种薯种苗。在叶片、叶柄和茎蔓的病斑部产生分生孢子，通过风、雨水进行传播再侵染。病害较喜温湿条件，发病适温为24～25℃，多雨、重雾、露大发病重。接种后，病害潜育期3～6d。土质瘠薄、耕层浅、主枝过多、通风不良发病较重。

防治方法

（1）**农业防治**　增施有机肥，加强管理；注意田间卫生，发病初期摘除初始病叶，收获后彻底清除田间病残，并深翻土壤。

（2）**化学防治**　可用50%多菌灵800倍液浸泡种薯种苗10min；提前预防可喷施70%代森锰锌可湿性粉剂500倍液。

2.26　甘薯煤污病

分布与危害

甘薯煤污病又叫甘薯霉烟病、甘薯大花脸、甘薯煤点病或甘薯垢斑病等，多发生在一些湿度较大、温度适宜的地区。甘薯煤污病是温室中常见的甘薯叶片表面病害，常发生在叶片和枝条上。在温暖湿润的地区时有发生，在一些育苗圃或者温室大棚种植菜用型甘薯品种和温室保存的甘薯种质资源，如果通风不畅以及烟粉虱大暴发时，潮湿多雨的季节在叶片表面形成黑色的污斑或污点。煤污病菌附生在叶片表面，在叶片形成污点或污斑，严重时可覆盖整个叶片，直接影响叶片的光合作用，导致一些菜用茎尖品种降低商品价值，往往不能售出。甘薯煤污病一般被作为甘薯温室种植次要病害，但近年来随着环境条件和种植模式的变化，甘薯煤污病的防治也需要引起重视。该病可危害的植物种类广泛，包括苹果、葡萄、香蕉和花卉等多种作物，但它对苹果造成的影响是最大的，每年由于煤污病造成苹果果实经济价值的降低超过90%。

症状

甘薯煤污病主要发生在甘薯叶片和枝条上，特别是对食用茎尖叶片的菜用甘薯影响较大。在叶片上煤污病的病斑形式变化多样，有的具深色油渍状污块；有的病斑散布有大量点状物，斑块完全由菌丝体或菌丝体及产孢结构组成，边缘常不清晰，颜色由橄榄色至黑色，污块常为圆形斑块；有的呈水状条形斑，几个斑块常合成一个，严重者甚至可以覆盖整个叶片而使叶片成为近黑色（图2-131）。煤污病常伴随烟粉虱暴发以及病毒病的流行（图2-132）。菌丝不易洗掉、擦去。对煤污病症状报道的较多，依据有无深色菌丝体垫、类菌核体的大小、密度和菌落的边缘形态等，将煤污病病症划为分离散型点状、紧凑型点状、蝇粪型点状、蜂巢状、煤烟状、分枝状、刻点状和斑点状等8种不同的类型（图2-133，图2-134），被研究人员广泛接受和应用。

图2-131　繁苗圃甘薯煤污病症状

图2-132　甘薯煤污病叶片背面烟粉虱

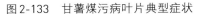

图2-133　甘薯煤污病叶片典型症状　　图2-134　甘薯煤污病叶片上白色的烟粉虱

病原

　　甘薯煤污病的病原至今未被报道。研究发现从，苹果、海棠果、山楂、杨桃、笋瓜、梨、李、鳄梨、香蕉、芒果、旅人蕉、印度橡胶榕、甜柿和粉竹等多种寄主分离到的病原菌具有丰富的多样性，病原菌多达10多个属和110多个种以及暂定种。这110多个种或暂定种分属于座囊菌纲、散囊菌纲、粪壳菌纲、酵母菌纲和节担菌纲等5个纲，其中多数种类属于座囊菌纲，涉及的相关属有色串孢属（*Torula*）、链丝孢属（*Scleroramularia*）、月盾霉属（*Peltaster*）、多绺孢属（*Tripospermum*）、枝孢属（*Cladosporium*）、锥梗孢属（*Dissoconium*）、拟维朗那霉属（*Pseudoveronaea*）、枝氯霉属（*Ramichloridium*）、乌氏霉属（*Uwebraunia*）、后稷孢属（*Houjia*）、钉孢属（*Passalora*）、小拟褐鞘孢属（*Phaeothecoidiella*）、大萁孢属（*Sporidesmajora*）、粘盘孢菌属（*Colletogloeum*）、平脐疣孢属（*Zasmidium*）、枝氯霉属（*Ramichloridium*）、小叠孢属（*Microcyclosporella*）、假尾孢属（*Pseudocercospora*）、柱隔孢属（*Ramularia*）、壳针孢属（*Septoria*）、德弗霉属（*Devriesia*）、接瓶霉属（*Zygophiala*）、叠孢属（*Microcyclospora*）、球座菌属（*Guignardia*）、短梗霉属（*Aureobasidium*）、赭霉属（*Ochroconis*）、杯梗孢属（*Cyphellophora*）、横断孢属（*Strelitziana*）、黑陷球壳属（*Melanopsamma*）、酵母属（*Saccharomyces*）和节担菌属（*Wallemia*）等31个属。据报道，不同作物的煤污病病原菌都不相同，即使相同的寄主病原菌也千差万别，因此，很有必要对甘薯煤污病病原菌开展分离鉴定，以便更好地、精准地防控甘薯煤污病的危害和蔓延。

发病规律

　　煤污病易在温室和通风不良田块大发生，特别是在大棚甘薯生长后期发病较多，与湿度的关系较为密切，在广东温室中一般每年7月上旬开始发病，8月下旬至9月上旬为发病高峰。多雨高湿是病害发生的主要因素。症状出现的时间与环境条件（如温湿度）以及粉虱的发生流行有着密切的联系，管理粗放如通风透光不良、潮湿积水的田块发病较重。

防治方法

（1）**农业防治** 加强综合管理，改善通风透光条件；雨季时要及时排除积水，清除温室杂草，降低温室土壤湿度，摘除发病的茎枝叶片，以减少病原菌数量。

（2）**化学防治** 发病初期喷60%百菌清700～1 000倍液、50%多菌灵可湿性粉剂800～1 000倍液和50 %甲基硫菌灵可湿性粉剂800倍液。多雨季节喷2～3次波尔多液，有良好的防治效果。

2.27 甘薯立枯病

分布与危害

甘薯立枯病（Rhizoctonia rot or Stem blight），又称甘薯丝核菌腐烂病、甘薯茎溃疡病、甘薯立枯丝核菌腐烂病，是由立枯丝核菌（*Rhizoctonia solani* Kühn）引起的甘薯茎基部、薯块萌芽基部溃疡和腐烂的真菌性病害。1916年Harter报道发生在甘薯苗床的立枯病，分布于整个美国，但在世界其他地区未见报道。我国台湾已报道该病发生，2015年黄立飞等从浙江省台州市甘薯茎部腐烂病样中分离到了对甘薯具有致病力的立枯丝核菌。该病害对苗床薯苗造成的损失较小，在生产田中有些发病溃疡植株会自动愈合，对产量影响不大，因此，对该病的研究报道甚少。目前，在我国立枯病并不是主要的甘薯病害，但病原菌能够长期在土壤中存活并具有广泛的寄主，因此，该病是甘薯生产的潜在威胁。

症状

在适合的条件下，甘薯立枯病病原菌可侵染甘薯根、茎和叶，在土壤中的病原菌通过伤口侵入甘薯植株，引起甘薯地下部根系腐烂，地上部分生长势弱、叶面发黄、植株发育迟缓、矮小、幼苗死亡或枯死。通常条件下，甘薯植株靠近地表的茎基部或主根出现凹陷的溃疡病斑（图2-135），如果利用薯块繁苗，在萌芽的薯苗距离地表几厘米的地方都能出现溃疡病斑，此外，大田种植20～30d的甘薯植株在茎基部出现黑色坏死病斑和茎基部腐烂，靠近地面叶片水渍状黄化腐烂，黄化现象向上蔓延，严重时蔓干枯萎蔫，最后整株死亡。

图2-135　病株主根上凹陷的溃疡病斑

病原菌可在叶缘或叶鞘上产生不规则黄褐色条斑。

病原

病原菌为立枯丝核菌（无性态为*Rhizoctonia solani* Kühn）属半知菌亚门丝孢纲，无孢目，丝核菌属，有性态为瓜亡革菌 [*Thanatephorus cucumeris* (Frank) donk]，属担子菌亚门。该菌是典型的土传植物病原菌，寄主范围十分广泛，至少可侵染43个科263种植物，侵染幼苗或幼株不定根或茎基部，引起植物猝倒和立枯病等，侵染水稻、玉米、小麦等多种作物的叶鞘，引起纹枯病。依据菌丝是否融合，立枯丝核菌被划分为不同菌丝融合种群（Anastomosis group，AG），迄今为止，立枯丝核菌菌丝融合种群为14个，分别为AG1 ~ AG13、AG-BI，每个菌丝融合群的形态、致病力及对杀菌剂的敏感性不尽相同。Huang 等（2017）报道引起甘薯病害的立枯丝核菌的菌丝融合群为AG-4。

病原菌在田间一般多为无性态，很难发现有性态。报道称在罹病组织能够形成病原菌的菌核，偶尔在甘薯苗床上能够观察到病原菌有性态担子，在土壤表面和薯苗基部可形成白粉病症。在温度为25℃的条件下，PDA平板上的菌落生长速度较快，菌丝体为棉絮状、蛛丝状、多核，初为白色，直径大小为6 ~ 8μm，最后转变成棕色，并形成不规则形状的、棕色的菌核（图2-136）。菌丝分枝呈直角，分枝发生处缢缩，在附近有1个隔膜（图2-137）。

发病规律

该病原菌腐生性较强，以菌核和菌丝体在土壤中及病残体上越冬。条件合适，土壤中的菌核萌发，菌丝开始生长。病原菌主要侵染大田扦插苗的幼

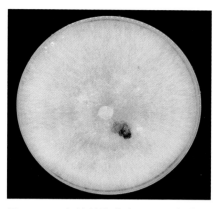
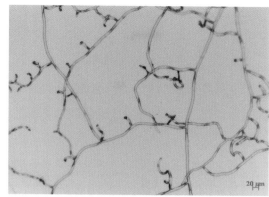

图2-136 立枯丝核菌在PDA上的菌落 图2-137 在显微镜下立枯丝核菌菌丝的形状特征
与菌核

根、茎基部，或侵染苗圃薯块萌芽苗的茎基部，形成溃疡病斑或造成腐烂。目前，对该病原菌在甘薯上的发病情况，知之甚少。在台湾高温高湿季节发生严重。病原菌通过雨水、流水、沾有带菌土壤的农具传播，可从幼苗茎基部或根部伤口侵入，也可直接穿透根的表皮侵入。温度高、阴雨多湿、土质黏重、排水不良的低洼地发生更为严重。

防治方法

该病原菌广泛分布全国各地，目前所知对甘薯的危害较小，一旦条件合适，仍然存在潜在的风险，此外该病原菌存在与甘薯病原镰刀菌混合侵染的可能。

（1）**农业防治**　苗圃或苗床温度高、湿度大，病菌较易侵染，因此合理的排种密度对甘薯薯块育苗至关重要；加强苗圃通风管理；及时拔除病苗，清除、烧毁病株残体；连作易造成土壤中立枯丝核菌积累，实行合理倒茬轮作；播种时选择无病土进行育苗。

（2）**药剂防治**　可采用30%噁霉灵水剂1 500～2 000倍液，或50%多菌灵可湿性粉剂400～600倍液，或5%井冈霉素水剂1 500倍液，或70%甲基硫菌灵可湿性粉剂600倍液对植株进行灌根，以防未患病植株发病。

2.28　甘薯绿霉病

分布与危害

甘薯绿霉病（Green mold disease or Punky rot）又称为甘薯松软腐病，是由木霉菌（*Trichoderma* spp.）引起甘薯薯块腐烂的病害。1911年Cook和

Taubenhaus 报道由康氏木霉（*Trichoderma koningii* Oudem）引起甘薯的腐烂病，属于偶发性病害。对该病的研究报道少之又少。2015年作者在广东省广州市甘薯仓库中观察到腐烂的甘薯块根上面出现白色菌丝，当湿度较大时，产生大量的绿色孢子（图2-138），经过鉴定确认病原菌为棘孢木霉（*Trichoderma asperellum*）。目前，该病在广东仓库内贮藏的薯块上不时被发现。

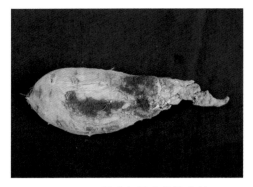

图2-138　甘薯绿霉病薯块症状

症状

在甘薯贮藏库中，发病的薯块表面腐烂的地方皱缩，呈松软的海绵状，上面有黄色至深绿色的霉状物，剖开薯块薯肉多呈棕褐色至黑褐色干腐，发病组织与周围健康组织间有明显的分界线（图2-139，图2-140）。此外，在田间收获的时候时常发现发生茎腐病、白绢病的植株，其腐烂的薯块表面上有黄色至深绿色的霉层（图2-141，图2-142）。

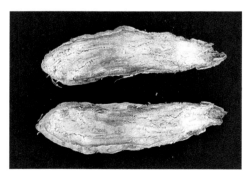

图2-139　患病薯肉呈棕褐色松软腐烂状

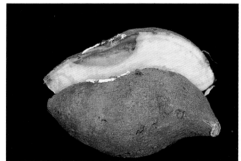

图2-140　发病组织与健康组织间具明显的分界性

将分离得到的棘孢木霉接种到甘薯薯块，以伤口为中心，四周表皮变成棕褐色，切开薯块可见受侵染的薯肉也呈棕褐色。随着侵染时间的延长，整个甘薯腐烂，在表面伤口处产生白色绒毛状菌丝，随后逐渐变成绿色（图2-143）。采用薯片接种也一样。利用显微镜观察发现绿色的霉层是大量分生孢子。利用菌丝块接种无伤口的甘薯品种广薯87和广薯79不能使薯块发病。采用孢子液

图2-141　腐烂薯块上黄色至深绿色霉层

图2-142　腐烂薯块上绿色的棘孢木霉

接种甘薯叶片不能使叶片发病。

病原菌

　　病原菌为木霉（*Trichoderma* spp.），无性阶段属于半知菌丝孢纲，丝孢目，丛梗孢科，有性阶段为子囊菌亚门，肉座目，肉座科，肉座菌属。迄今确认木霉属包含254个种和2个变种（Bissett et al.，2015）。木霉广泛分布于世界各地，存在于森林、坡

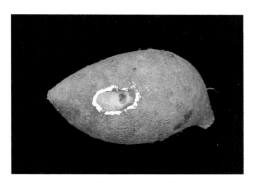

图2-143　薯块表面创伤接种症状

沟、农田和草地等潮湿的生境中，土壤、枯枝落叶、腐木等植物残体以及其他真菌的子实体都是其生长基物。木霉因其具有生防能力、促进植物生长和提高土壤肥力等方面的应用潜力，在农业生产领域具有特殊的地位。木霉是食用菌主要的病原菌之一，可引起食用菌绿霉病。木霉也可侵染玉米果穗，引起木霉病。目前，已报道甘薯绿霉病的病原菌包括康氏木霉（*Trichoderma koningii* Oudem）、绿色木霉（*Trichoderma viride* Pers.）和棘孢木霉（*Trichoderma asperellum* Samuels，Lieckfeldt & Nirenberg）。

　　无创伤接种棘孢木霉时，木霉仅能够侵染胡萝卜，在创伤接种时能够侵染荸荠、山药、胡萝卜、番茄、辣椒、苹果和梨等作物（图2-144，图2-145）。温度25℃，棘孢木霉在PDA上产生灰色气生菌丝，菌落正面绒毛状，背面反面灰白色，培养第3天，在平板中心出现暗绿色的产孢区，并逐渐从中心向边缘扩展（图2-146，图2-147）。在PDA上的菌落日平均生长速度为24.13mm/d。分生孢子呈青绿色，圆形或卵形，大小为2.5～3.8μm。在涂有PDA膜的载玻片上，菌株分生孢子梗对生生长，主分枝呈树状，瓶梗大小为（3.7～5)μm×

(8.5～10.5)μm，短，基部变细，中间膨大，呈安瓿瓶状，底部瓶梗较顶部较长（图2-148）。分生孢子球形，绿色，单胞，光滑（图2-149）。

图2-144　胡萝卜接种棘孢木霉症状

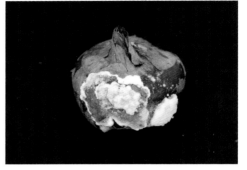

图2-145　荸荠接种棘孢木霉症状

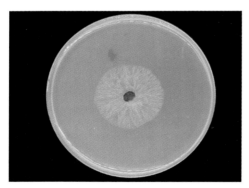

图2-146　棘孢木霉在PDA上培养1d菌落特征

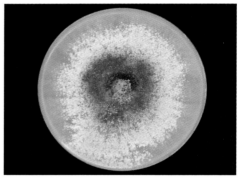

图2-147　棘孢木霉在PDA上培养3d菌落特征

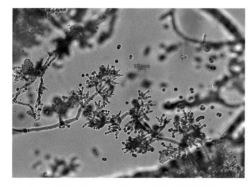

图2-148　棘孢木霉安瓿瓶状分生孢子

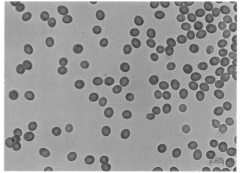

图2-149　在显微镜下棘孢木霉分生孢子的
　　　　　形态特征

发病规律

该病原菌在自然界分布很广，多腐生于土壤、植物残体和有机肥料等物质中，因此，田间土壤、带土薯块、贮藏库等是甘薯绿霉病的主要初侵染源。木霉以分生孢子通过气流、水滴和昆虫等传播扩散，遇到具有伤口的薯块，就可能定殖于薯块伤口处，引起薯块腐烂，造成贮藏损失。高温高湿适宜木霉生长繁殖。孢子萌发温度为10～35℃，其中15～30℃萌发率最高。菌丝生长温度为4～42℃，在25～30℃生长最快，在25～27℃菌落由白变绿只需3～5d。高湿对菌丝生长和孢子萌发有利，对薯块致病性强，孢子萌发要求相对湿度在95%以上。

防治方法

该病原菌为特定条件致病菌，某些木霉如棘孢木霉除了对甘薯薯块致病外，对甘薯软腐病、根腐病、白绢病、甘薯爪哇黑腐病和甘薯蔓割病等病害的病原菌都有较好的拮抗作用。因此，针对木霉对薯块的危害，只要采用抗耐病品种和减少薯块伤口，就能起到较好的防治效果。在条件合适的情况下，可有效地利用木霉的拮抗作用，用于土传病害和对生产影响大的甘薯真菌病害的生物防治。

（1）**农业防治** 不同甘薯品种对棘孢木霉具有明显的抗病差异，在生产中可利用抗病品种；收获时要做到轻挖、轻装、轻运、轻卸，保证薯皮和薯块碰伤较少，贮存前最好进行高温愈合处理；做好贮藏库环境的清理，做好清扫工作，减少杂菌的存在，贮藏前可对贮藏库进行消毒；贮藏的前期应注意通风，降低仓库湿度，减少木霉的侵染机会。

（2）**化学防治** 对贮藏库进行硫黄熏蒸消毒，或用50%多菌灵可湿性粉剂400～600倍液进行喷洒消毒，或用50%多菌灵可湿性粉剂400～600倍液浸蘸后贮藏。

2.29 甘薯炭疽病

分布与危害

甘薯炭疽病（Anthracnose）是由炭疽菌（*Colletotnichum* spp.）引起的甘薯叶片和茎枝部病害。该病是我国台湾地区甘薯的常见病害，黄立飞2015年从浙江甘薯茎基部腐烂的病样上分离到了对甘薯致病的炭疽菌。2019年张申萍从重庆甘薯上分离到了多个致病炭疽菌。可见我国多地都存在甘薯炭疽病，可能危害不严重，对其研究并不多。世界上其他国家也未见对该病的报道。目前，该病对于甘薯造成损失不清楚，但是由于炭疽菌能够侵染林木、果树、花卉和农作物等176属190余种植物，作为植物十大病原真菌之一，有待深入调查研究。

症状

在我国台湾，台风过后或高温高湿的季节发生严重，老叶受侵染时，在叶片表面形成淡绿色水渍状病斑，后转成黑褐色病斑，病斑呈轮纹状或黄色晕环状（图2-150）。茎枝部受侵染，初为黑色斑点，病斑部皮层凹陷并逐渐侵入，后期龟裂，严重时引起枝条枯死（图2-151）。此外，病原菌侵染植株还能形成暗褐色、表面凹陷、密生黑色小粒子、圆形至椭圆形的病斑。

图2-150　病株叶片上轮纹黄晕状病斑　　　　图2-151　病株茎枝变褐干缩
（引自余思葳等，2016）　　　　　　　　（引自余思葳等，2016）

病原

病原菌为炭疽菌（*Colletotnichum* spp.），属于腔孢纲，黑盘孢目，黑盘孢科，炭疽菌属，有性阶段属于小丛壳属（*Glomerella*）。据报道，侵染甘薯的病原菌至少有6个种，分别为胶孢刺盘孢（*C. gloeosporioides* Penzig）（余思葳等，2016）、兰花刺盘孢（*C. cliviicola* Damm & Crous, nom. Nov.）、果生刺盘孢（*C. fructicola* Prlhastuti, L. Cai&K.D. Hyde.）、喀斯特刺盘孢（*C. karstii* Y.L. Yang, Z.Y. Liu, K.D. Hyde.&L. Cai, sp. Nov. ）、豆类炭疽菌 [*C. truncatum* (Schwein.) Andrus & W.D. Moore.]（张申萍，2019）和 *C. brevisporum*。我国台湾甘薯炭疽菌为胶孢刺盘孢（*C. gloeosporioides*）引起，胶孢刺盘孢分布于

全世界，寄主范围极广。

胶孢刺盘孢，在寄主表皮下着生分生孢子盘，产生大量孢子时穿破表皮，分生孢子盘呈粉红色至橘红色的黏液状，形成连续或分散的橙黄色分生孢子堆，刚毛极少出现。分生孢子梗1～3个细胞，偶有分枝，分枝多位于基部细胞。分生孢子着生于分生孢子梗顶端，单胞，长椭圆形，无色透明，成熟时极易脱落。菌丝生长温度范围极大，在3～37℃均可正常生长，但最适生长温度在菌株间差异极大，但一般均在22～28℃。

发病规律

病原菌以菌丝体或分生孢子在病残体和田间杂草上越冬，为翌年初侵染源。病菌从嫩叶或茎枝侵入，病斑上产生的大量分生孢子，借助风、雨水及人传播，在植株及田块间扩散侵染，高温高湿季节发病严重。

防治方法

（1）**农业防治** 采用无病菌的甘薯种薯种苗；发现病株后应及时拔除，随时清除病残体，减少侵染源；强化栽培管理，使通风良好、光照充足，促进植株健壮生长，增进抗病力；合理密植，平衡施肥；重病田要实行非寄主轮作。

（2）**化学防治** 发病前期，出现病斑时，喷施25％吡唑醚菌酯水乳剂3 000倍液进行防治。

2.30 甘薯酸腐病

分布与危害

甘薯酸腐病（Geotrichum sour rot）为田间或采后贮藏病害。该病多发生在通风不良和低氧环境中，高温和高湿有利发病。美国东南部，收获前的田块如遭遇高温和数日洪水或积水淹没，该病害会造成严重的经济损失。收获后，由于温度高和通风不良，也容易会造成严重的经济损失。我国南方薯区广东每年上半年大量降水、高温，在田间排水不畅的地块，薯块表面有时会形成白色突起物（图2-152），收获的薯块不耐贮藏，甚至

图2-152 田间湿度过大，薯块表面形成白色突起物

2～3d全部腐烂，极易造成较大的经济损失。以前多认为是生理病害，未引起足够重视，编者观察认为我国南方薯区这种采收后腐烂的情况，可能是生理性和侵染性病害共同作用的结果。甘薯采后腐烂是今后我国南方地区鲜食型甘薯产业健康发展需要解决的一个主要问题。

症状

甘薯酸腐病的症状多样，但在实验室很难重复这些症状。典型症状为薯块呈湿腐状，带有明显的果味、酒精或酸味，块根表面形成白色菌丝簇（图2-153）。最常见的症状是块根表面出现不规则状的腐烂（图2-154）。最开始腐烂的时候，腐烂区域比较坚硬。病薯离开有利发病环境条件后，病变腐烂区域很快变干并停止腐烂，可能会形成脱落区。

图2-153 湿腐状薯块表面形成白色菌丝簇　　　　图2-154 湿腐状薯块表面不规则状腐烂
（引自 Clark et al., 2013）　　　　　　　　　（引自 Clark et al., 2013）

病原

病原菌为半乳糖霉菌 [*Galactomyces geotrichum* (E. E. Butler & L. J. Petersen) Redhead & Malloch]，无性态为白地霉（*Geotrichum candidum* Link.）（Holmes et al., 2002）。菌丝体是透明的，并分裂成单细胞分生孢子（节孢子）。分生孢子为长方体，末端有些扁平，一旦分离很快变成圆形。长时间培养，几乎所有菌丝都转化为分生孢子，而生长活跃的菌丝很难找到分生孢子，其分生孢子大小为（2～5）μm×（5～8）μm，并且光滑。病原菌在PDA上生长迅速，产生类似酵母菌一样的稀疏扁平的白色菌落，并具有强烈的酸味。

此外，有研究表明，梭菌属（*Clostridium*）也是引起水淹甘薯腐烂的病原菌（da Silva et al., 2019）。

发病规律

该病原菌是一种常见的真菌，分布在世界各地。它通常发生在土壤中，并通过风和水传播。病原菌存活在含水量较高的环境，能够在非常低的氧气水平下生长，但不能厌氧生长。创伤对于酸腐病的发生非常重要，相比高温和低氧条件，对病害暴发流行更为关键。在20℃以上，腐烂迅速，而在5℃以下，病原菌生长受到限制。

防治方法

避免高湿、高温和低氧相结合的环境，可以有效减少甘薯酸腐病。甘薯种植需要选择排水良好的田块。通过减少薯块损伤、迅速冷却和足够通风来控制贮藏甘薯腐烂。不同的品种对甘薯酸腐病的耐受性不同，但是目前没有对现有育成品种进行抗性评价。该病害没有有效的化学药剂防治方法。

2.31　甘薯红锈病

分布与危害

甘薯红锈病（Red rust）是由甘薯鞘锈菌 [*Coleosporium ipomoeae* (Schwein.) Burrill] 引起的真菌性病害，是整个西半球甘薯属植物较常见的一类病害。该病在加勒比海地区最为普遍，在美国北部至新泽西州也有发生。病原菌的担孢子侵染松属植物，然后在松属植物上产生的锈孢子，再侵染甘薯属植物。该病主要发生在甘薯属植物上，在甘薯上很少发生，影响不大。

症状

在甘薯属植物的叶片上产生锈红色的斑点，发病严重时，锈红色覆盖全叶，可导致甘薯属作物叶片和植株生长不良（图2-155）。

病原

病原菌为甘薯鞘锈菌 [*Coleosporium ipomoeae* (Schwein.) Burrill] 属担子菌亚

图2-155　裂叶牵牛叶片红锈病症状
（引自 Clark et al., 2013）

门锈菌目，鞘锈菌科，鞘锈菌属。该病原菌为转主寄生，长生活史型锈菌。在松属植物针叶上，着生直径约1mm的性子器，随后形成高2mm、长4mm和宽1mm的锈孢子器。锈孢子器内产生的锈孢子呈球形至椭圆形或圆柱形，表面疣状，最大直径为30μm，长为45μm。夏孢子堆和冬孢子堆阶段在旋花科植物上产生。黄橙色的夏孢子堆直径可达1mm。夏孢子大小为16 ～ 28μm，透明到淡黄色，呈球状或椭圆状，串生，表面疣状。夏孢子堆周围产生深红色至橙色的冬孢子堆。冬孢子大小为（15 ～ 28）μm×（60 ～ 140）μm，单胞，棒状，光滑透明，成熟时有厚壁和足细胞。冬孢子萌发分成4个细胞，转变成担孢子，担孢子存在时间短，夏末和秋季通过气孔侵染松针。

发病规律

鞘锈菌属的孢子主要靠风传播，也有借雨、水滴传播。锈孢子侵染甘薯属植物，夏孢子和冬孢子产生在甘薯属植物上，后形成担孢子，担孢子从气孔侵入松针。甘薯属的幼芽、嫩叶易受侵染而发病。该病原菌只有存在松属植物时，才能完成侵染循环引起发病。温度10 ～ 26℃，空气相对湿度连续数天在80%以上时，锈病发生严重。

防治方法

甘薯红锈病对甘薯影响不大，但是对观赏型的甘薯属植物和一些园林植物影响较大。及时清洁田园，清除病残体，以减少菌源；可通过周围减少松树进行预防；此外，可使用70%代森锰锌可湿性粉剂500倍液，或70%甲基硫菌灵可湿性粉剂1 000倍液，或25%三唑酮可湿性粉剂1 500倍液，或12.5%烯唑醇3 000 ～ 4 000倍液进行喷洒防治。

2.32　甘薯瘤梗孢根腐病

分布与危害

甘薯瘤梗孢根腐病（*Phymatotrichum* root rot，Cotton root rot，Texas root rot）又称得克萨斯根腐病和棉花根腐病，是一种重要的检疫性真菌病害。目前，该病只分布于美国西南部和墨西哥北部，这个病曾对这个地区的甘薯生产造成了严重影响。病原菌寄主范围十分广泛，可危害棉花、花生、苜蓿、葡萄、坚果树和甘薯等2 000余种植物。近年来，甘薯产业蓬勃发展，甘薯品种材料和鲜食商品在世界各地的流通比以往任何时候都更加活跃，该病原菌作为我国重要的进境植物检疫性有害生物，对该病的预防切不可掉以轻心。

症状

该病在田间能够形成典型的圆形发病中心，发病中心的植株通常不结薯，边缘附近植株的块根大小不一且多数腐烂。薯块开始从表面开腐烂，呈坚硬干腐状（图2-156）。一般从块根一端开始腐烂，薯肉不受影响，发病后期才会引起薯块内部腐烂。块根表面最初症状呈深棕色至黑色，后期出现白色突起状或褐色至浅黄色带状

图2-156 甘薯瘤梗孢根腐病块根发病症状
（引自 Clark et al., 2013）

病原菌菌丝索，这也是该病典型的易识别的症状。薯块的棕色病原菌菌丝相互平行延伸，并成直角分枝。多数情况下，地下根系受害严重，但地上部分植株能正常生长。有时在土表上方15～30cm处茎基部产生棕色腐烂，挖出后，整个植株地下根系变软腐烂，薯块呈干腐状。

病原

病原菌为多主瘤梗单孢霉菌[*Phymatotrichopsis omnivorum*（Duggar）Henn.，异名为*Phymatotrichum omnivorum* Duggar，*Ozonium omnivorum* Shear，*Ozonium auricomum* Link]，又称棉根腐疾菌，属于真菌半知菌亚门，丝孢纲，丝孢目，淡色孢科，拟瘤梗孢属。有性态属于子囊菌门盘菌纲根盘菌科。该病原菌1888年被Pammel首先报道发现。

病原菌菌丝在PDA上初为无色，后为污黄色。有大型和小型两种细胞菌丝，由1根粗大菌丝和许多包围它的直径小得多的分枝菌丝组成菌索，上有直角的十字形针状分枝菌丝。老菌索暗褐色，较小，很少有分枝；分生孢子梗自菌索的大型细胞菌丝上生出，分生孢子梗球形、棍棒状或串珠状，上着生许多分生孢子，外观类似担子。分生孢子球形或卵形，无色，单胞，直径大小为4.8～5.5μm。菌丝索褐色，直径约200μm，成直角伸出侧枝，侧枝菌丝呈十字形分枝。在腐烂的根上产生大量近圆形或不规则形的棕色或黑色菌核，直径大小为1～5mm，单生或串生，菌丝初生为白色，后变为污黄色。该病原菌被列入了我国进境植物检疫性有害生物名录。

发病规律

病原菌位于土壤深处，能够在240cm深的土壤中存活，可在休耕的土地中

存活多年。病原菌可通过病根、混有病残体和菌核的土壤进行远距离传播。病原菌主要分布在碱性钙质土壤中，菌核的形成受特定的土壤、气候和环境条件影响。

防治方法

目前没有长期有效的控制措施。病原菌寄主范围广，并且菌核可以土壤中存活多年，所以作物轮作没有防治效果。利用甲基溴、无水氨和铵盐化学药剂熏蒸土壤的方法比较有效，但是对大多数农作物而言不经济划算。此外，利用苯并咪唑和甾醇生物合成抑制剂类化学药剂，具有一定的防治效果。至今没有对该病产生抗病的作物。

参考文献

陈利锋，徐敬友，2007. 农业植物病理学 (第三版)[M]. 北京 : 中国农业出版社 .

陈枝楠，王就光，1988. 作物白绢病研究现状 [J]. 植物保护，14(2):45-47.

戴芳澜，1979. 中国真菌总汇 [M]. 北京 : 科学出版社 .

戴利铭，刘一贤，施玉萍，等，2018. 橡胶树可可毛色二孢叶斑病菌生物学特性及药剂筛选试验 [J]. 广东农业科学，45(7): 87-93.

董章勇，罗梅，宾淑英，等，2013. 沙田柚果腐病原菌的鉴定与生物学特性 [J]. 中国农学通报 (22): 125-128.

杜晓晔，2013. 甘薯黑痣病发病特点及影响因素分析 [J]. 现代农村科技 (8): 23-24.

方树民，陈玉森，2004. 福建省甘薯蔓割病现状与研究进展 [J]. 植物保护 (5): 19-22.

方树民，柯玉琴，黄春梅，等，2004. 甘薯品种对疮痂病的抗性及其机理分析 [J]. 植物保护学报，31(1): 38-44.

高波，王容燕，马娟，等，2014. 甘薯爪哇黑腐病的病原鉴定 [J]. 河南农业科学，43(11): 93-96.

高柳，2016. 接瓶霉属、链丝孢属、杯梗孢属等煤污病相关属系统学及多样性研究 [D]. 杨凌 : 西北农林科技大学 .

高柳，2015. 苹果煤污病病原接瓶霉 (*Zygphiala* spp.) 种类多样性与传播特性 [C]// 中国菌物学会 . 中国菌物学会 2015 年学术年会论文摘要集 .

郭泉龙，李计勋，梁秋梅，2005. 甘薯黑痣病发生规律及防治措施 [J]. 中国农技推广 (8): 45.

郭书普，2012. 马铃薯、甘薯、山药病虫害鉴别与防治技术图解 [M]. 北京 : 化学工业出版社 .

郝丽梅，王立安，马春红，等，2001. 致病真菌与植物寄主相互作用关系的研究进展 [J]. 河北农业科学 (2): 73-78.

何贤彪，刘伟明，黄立飞，2017. 9 种药剂对甘薯茎基部腐烂病的防治效果 [J]. 浙江农业科学，58(5) : 806-808 .

何贤彪，刘也楠，刘伟明，等，2018. 不同杀菌剂对甘薯茎基部腐烂病的防控试验 [J]. 中国农学通报，34(32): 125-129.

和鸣,王勇,和春良,等,1998.苹果煤污病、蝇粪病的发生与防治[J].植物保护(4):51-52.

胡琼波,2003.作物白绢病的研究进展[J].岳阳职业技术学院学报,18(3):58-60.

黄立飞,刘伟明,刘也楠,等,2019.甘薯茎基部腐烂病调查及病原鉴定[J].中国农学通报,35(18):135-141.

黄立飞,罗忠霞,房伯平,等,2013.甘薯白绢病病原菌的鉴定[J].植物保护学报,40(6):569-570.

黄立飞,叶芍君,陈景益,等,2016.甘薯爪哇黑腐病病原鉴定及生物学特性[C]//中国植物病理学会2016年学术年会论文集.

贾赵东,郭小丁,尹晴红,等,2011.甘薯黑斑病的研究现状与展望[J].江苏农业科学(1):144-147.

江苏省农业科学院,山东省农业科学院,1984.中国甘薯栽培学[M].上海:上海科技出版社.

柯玉琴,潘廷国,伍迪明,等,1994.甘薯抗蔓割病的生理机制I.感染蔓割病后甘薯叶片脂质过氧化及保护酶的变化[J].福建农业大学学报,23(1):112-116.

雷剑,王连军,杨新笋,等,2015.湖北不同地区甘薯蔓割病病原菌的分离与分子鉴定[J].湖北农业科学,54(24):6235-6237.

雷剑,杨新笋,郭伟伟,等,2011.甘薯蔓割病研究进展[J].湖北农业科学,50(23):4775-4777.

李凌燕,肖海峻,王伟青,等,2016.北京大兴区甘薯根腐病原菌的分离及分子鉴定[J].生物技术进展,6(1):67-70.

李习民,1999.甘薯紫纹羽病的发生与防治[J].山东农业科学(1):36.

连书恋,马明安,宋国华,等,1998.甘薯紫纹羽病的发生为害及综合防治[J].植保技术与推广,18(3):19-20.

连书恋,王淑风,王燕,2001.甘薯紫纹羽病的发生危害及综合防治技术[J].河南农业科学(4):33.

刘保立,2002.防治甘薯黑痣病确保薯块品质[J].河北农业(8):20.

刘花珍,2015.如何防止甘薯软腐病发生[J].农家之友(7):48.

刘伟明,黄立飞,何贤彪,等,2017.甘薯茎基部腐烂病防控技术研究[J].农学学报,7(10):19-24.

刘伟明,刘也楠,何贤彪,等,2019.甘薯茎基部腐烂病病原鉴定及药剂防控试验[J].农学学报,9(12):9-16.

刘晓芸,杨兰,王会君,等,2014.甘薯黑痣病防治药剂的筛选[J].河南农业科学,43(11):93-96.

刘志恒,王英姿,关天舒,等,2003.薯芋类病虫害诊治[M].北京:中国农业出版社.

陆家云,2000.植物病原真菌学[M].北京:中国农业出版社.

陆漱韵,刘庆昌,李惟基,1998.甘薯育种学[M].北京:中国农业出版社.

宁晓雪,苏跃,马玥,等,2019.立枯丝核菌研究进展[J].黑龙江农业科学(2):140-143.

裴慧兰,王爱军,2017.马铃薯干腐病发生规律及防治措施[J].现代农业科技(7):123,127.

莆田地区农科所,平潭县农技站,1978.甘薯蔓割病发生规律与防治[J].福建农业科技(2):27-32.

乔岩,王品舒,2014.甘薯贮存期要防干腐病[J].农资导报(4):1.

任杰群,曾秀丽,陈力,等,2017.桑椹菌核病综合防治技术研究新进展[J].蚕业科学(4):699-703.

任守才,李成元,王锋,等,2015.旋花科蔬菜病虫害绿色防控技术[J].黑龙江农业科学(4):176-177.

尚秀红,2014.苹果干腐病的发生与防治[J].河北果树(1):41-42.

宋红,张志超,杨俊誉,等,2016.一种甘薯新病害的初步研究[J].安徽农学通报(11): 21-22,43.

苏军民,1987.甘薯苗黏菌病的发生观察[J].植物保护(1): 28.

王容燕,高波,陈书龙,等,2016.河北省甘薯镰孢菌腐烂与溃疡病的病原鉴定[J].植物保护学报(2): 241-247.

吴进开,曹斌,罗强,等,2011.煤污病的发生与防治[J].江西植保,34(4):181-182.

吴仁锋,杨绍丽,钟兰,等,2012.蕹菜白锈病的识别与防治[J].长江蔬菜(5):46-47.

肖德全,2005.甘薯黑斑病的发生与防治[J].农业新技术(5): 28.

肖仲久,李小霞,田茂杰,2012.杀菌剂对不同种植区白术白绢病菌的毒力差异研究[J].江苏农业科学,40(4):121-123.

小川奎,褚茗莉,1984.甘薯蔓割病的防治[J].国外农学-杂粮作物(1): 56.

谢逸萍,孙厚俊,邢继英,2009.中国各大薯区甘薯病虫害分布及危害程度研究[J].江西农业学报(8): 121-122.

邢丽婷,2015.苹果煤污病综合防治方法[J].河北果树(5): 47-48.

许永锋,张建朝,张文斌,2016.马铃薯播种后干腐病发生原因调查及综合防治技术[J].中国蔬菜(2): 81-82.

许志刚,2000.普通植物病理学[M].北京:中国农业出版社.

杨冬静,孙厚俊,张成玲,等,2017.不同培养基对甘薯干腐病菌产孢的影响[J].金陵科技学院学报,33(3): 51-54.

杨冬静,孙厚俊,赵永强,等,2013.甘薯黑斑病菌的生物学特性研究及室内药剂筛选[J].西南农业学报,26(6):2336-2339.

杨冬静,孙厚俊,赵永强,等,2012.甘薯紫纹羽病病原菌的生物学特性及室内药剂筛选研究[J].西南农业学报,25(5): 1685-1688.

杨冬静,谢逸萍,孙厚俊,等,2018.3株甘薯干腐病病菌的生物学特性研究[J].江西农业学报,30(4):1-8.

杨冬静,徐振,赵永强,等,2014.甘薯软腐病抗性鉴定方法研究及其对甘薯种质资源抗性评价[J].华北农学报,29(S1): 54-56.

银玲,田迅,李依韦,等,2017.甘薯根腐病病原菌鉴定[J].中国植保导刊(2): 10-14.

游春平,陈炳旭,2010.我国甘薯病害种类及防治对策[J].广东农业科学(8): 115-119.

余思葳,杨秀珠,黄裕铭,2016.甘薯整合管理[M].台北:台湾行政院农业委员会.

余霞,杨丹玲,陈进会,2008.植物白绢病的防治研究概述[C]//中国植物病理学会.中国植物病理学会2008年学术年会论文集.

岳瑾,杨建国,李仁崑,等,2018.水药一体化防治甘薯根腐病技术研究[J].安徽农学通报,24(10): 76,136.

张广志,杨合同,张新建,等,2014.木霉现有种类名录[J].菌物学报,33(6): 1210-1230.

张宏辉,孙丙寅,裴红波,2003.苹果煤污病发生规律及其防治[J].河南科技大学学报(农学版)(2):17-19.

张洪才,1996.大蒜菌核病的发生及防治[J].植保技术与推广(2): 19-20.

张建忠，邵兴华，肖红艳，2012. 油菜菌核病的发生与防治研究进展[J]. 南方农业学报(4): 467-471.

张勇跃，刘志坚，2007. 甘薯黑斑病的发生及综合防治[J]. 安徽农业科学(19): 5997-5998.

张玉华，吕际成，1991. 注意防治甘薯紫纹羽病[J]. 河南农业科学(4): 42-43.

张玉强，2007. 甘薯黑斑病的发生及防治[J]. 现代农业科技(17): 106.

章淑玲，张绍升，2007. 甘薯茎线虫与镰孢菌对甘薯的复合侵染[J]. 福建农林大学学报(自然科学版)(4): 361-364.

章柱，2007. 苹果煤污病和蝇粪病病原学研究进展[C]// 中国植物病理学会. 中国植物病理学会2007年学术年会论文集.

赵春雷，2008. 甘薯黑痣病发生与防治[J]. 河北农业科技(7): 27.

赵永强，孙厚俊，陈晓宇，等，2011. 6种生物源杀菌剂对甘薯根腐病菌的室内毒力测定[J]. 江西农业学报，23(2): 115-116.

赵永强，徐振，杨冬静，等，2018. 甘薯黑痣病菌的生物学特性研究[J]. 北方农业学报，46(5)：89-92

郑宇宇，李焕宇，徐秉良，等，2016. 甘肃省苹果煤污病的发生与菌体类型多样性[J]. 甘肃农业大学学报，51(1):90-94, 101.

中华人民共和国国家质量监督检验检疫总局，中国国家标准化管理委员会，2015. 棉花根腐病菌检疫鉴定方法：GB/T 31807—2015[M]. 北京: 中国标准出版社.

朱兆香，庄文颖，2014. 木霉属研究概况[J]. 菌物学报，33(6): 1136-1153.

左华清，杨应庭，1993. 南薯88蔓割病病原特性及品种间致病性研究[J]. 西南科技大学学报(哲学社会科学版)(2): 1-7.

Ames T, Smit N E J M, Braun A R, et al., 1997. Sweetpotato: Major pests, diseases, and nutritional disorders[M]. Lima, Peru: Interational Potato Center.

Bissett J, Gams W, Jaklitsch W, et al., 2015. Accepted *Trichoderma* names in the year 2015[J]. IMA Fungus, 6(2): 263-295.

Clark C A, Ferrin D M, Smith T P, et al., 2013. Compendium of sweetpotato diseases, pests, and disorders[M]. St. Paul: The American Phytopathological Society Press.

Clark C A, Holmes G J, Ferrin D M, 2009. Major Fungal and Bacterial Diseases[M]//Loebenstein G, Thottappilly G. Sweetpotato. BerLin: Springer Science+Business Media B. V.

Clark C A, Moyer J W, 1988. Compendium of sweet potato diseases[M]. St. Paul: The America Phytopathological Society Press.

Cook M T, Taubenhaus J J, 1911. *Trichoderma koningii* the cause of a disease of sweet potatoes[J]. Phytopathology, 1: 184-189.

Da Silva W L, Yang K T, Pettis G S, et al., 2019. Flooding-associated soft rot of sweetpotato storage roots caused by distinct *Clostridium* isolates[J]. Plant Disease, 103(12):3050-3056.

Elkatatny M, Gudelj M, Robra K H, et al., 2001. Characterization of a chitinase and an endo-β-1,3-glucanase from *Trichoderma harzianum* Rifai T24 involved in control of the phytopathogen

Sclerotium rolfsii[J]. Applied Microbiology and Biotechnology, 56(1-2):137-143.

Franke M D, Brenneman T B, Stevenson K L, et al., 1998. Sensitivity of isolates of *Sclerotium rolfsii* from peanut in Georgia to selected fungicides[J]. Plant Disease,82(5):578-583.

Halsted B D, 1890. Some fungous diseases of the sweet potato. The black rot[J]. New Jersey Agriculture Experiment Station Bulletin, 76: 7-14.

Holmes G J, Clark C A, 2002. First report of Geotrichum candidum as a pathogen of sweetpotato storage roots from flooded fields in North Carolina and Louisiana [J]. Plant Disease, 86: 695.

Huang LF, Fang B P , Li K M, et al., 2016. First Report of *Lasiodiplodia theobromae* Causing a Stem Canker on Sweetpotato in China [J]. Plant Disease, 100:1.

Huang L F, Fang B P, Ye S J, et al., 2017. *Rhizoctonia solani* AG-4 HGI causing stem rot of sweetpotato (*Ipomoea batatas*) in China [J]. Plant Disease, 101(1):245.

Kato N, Imaseki H, Nakashima N, et al., 1973. Isolation of a new phytoalexin-like compound, ipomeamaronol, from black-rot fungus infected sweet potato root tissue, and its structural elucidation[J]. Plant & Cell Physiology, 14(3): 597-606.

Lawrence G W, Moyer J W, Vandyke C G, 1981．Histopathology of sweet potato roots infected with *Monilochaetes infuscans*[J]. Phytopathology, 71(3): 312-315.

Lenné J M, Sweetmore A, Burstow A, 1994. Morphological and pathogenic characterisation of *Elsinoe batatas* : causal agent of sweet potato scab[C]//4th International Conference of Plant Protection in the Tropics. Kuala Lumpur, Malaysia Tropical Plant Protection Society: 64-66.

Lyda S D, 1978. Ecology of *Phymatotrichum omnivorum*[J]. Annual Review of Phytopathology, 16:193-209.

Ôba K, Ôga K, Uritani I, 1982. Metabolism of ipomeamarone in sweet potato root slices before and after treatment with mercuric chloride or infection with *Ceratocystis fimbriata*[J]. Phytochemistry, 21(8): 1921-1925.

Papavizas G C, Lewis J A, 2010. Effect of Gliocladium and Trichoderma on damping-off and blight of snapbean caused by *Sclerotium rolfsii* in the greenhouse[J]. Plant Pathology, 38(2): 277-286.

Smit N E J M, Holo T, Wilson J E, et al., 1991. Sweetpotato seedling test for resistance to leaf scab disease *Elsinoë batatas*[J]. Tropical Agriculture, 68: 263-267.

Sulliven D, 2016. Sweet potato production, nutritional, properties and diseases[M]. New York: Nova Science Publishers, Inc.

Uetake Y, Nakamura H, Ikeda K, et al., 2003. *Helicobasidium mompa* isolates from sweet potato in continuous monoculture fields[J]. Journal of General Plant Pathology, 69:42-44.

Uppalapati S R, Young C A, Marek S M, et al., 2010. Phymatotrichum (cotton) root rot caused by Phymatotrichopsis omnivora: retrospects and prospects[J]. Moleculer Plant Pathology, 11(3): 325-334.

Xu Z, Gleason M L, Mueller D S, et al., 2008. Overwintering of *Sclerotium rolfsii* and *S. rolfsii* var. *delphinii* in different latitudes of the United States[J]. Plant Disease, 92(5):719-724.

第3章
甘薯病毒病害

3.1 甘薯病毒病

分布与危害

甘薯病毒病作为甘薯最重要的病害，是导致甘薯产量降低和种性退化的主要因素之一，它广泛存在于世界各甘薯产区。我国20世纪50年代首次报道了甘薯病毒病的发生，直到90年代才逐渐开始鉴定甘薯病毒种类。目前，甘薯病毒病在我国主要薯区均有发生，是危害严重的病害之一，在一些地区甚至严重威胁甘薯产业的健康发展。甘薯病毒病一般由多个病毒复合侵染引起，编者在单个表现病毒病症状的甘薯样品中检出8种病毒。目前全世界已报道侵染甘薯的病毒有9科38种，我国甘薯至少存在23种病毒。据山东、江苏、安徽、北京、广东等省份调查，由病毒病造成的甘薯产量损失一般达20%～30%，严重的可达50%以上，甚至导致绝收，对甘薯的产量及品质影响极大。据估计，我国每年因甘薯病毒病造成的经济损失高达40亿元。

值得注意的是，2012年以来，我国出现了由甘薯羽状斑驳病毒（Sweetpotato feathery mottle virus，SPFMV）和甘薯褪绿矮化病毒（Sweetpotato chlorotic stunt virus，SPCSV）协生共侵染引起的甘薯病毒病（Sweetpotato virus diseases，SPVD）。SPVD在我国各个薯区快速蔓延，不同于以往的甘薯病毒病，其发病对产量影响极大，可造成90%以上的产量损失，甚至绝收（图3-1，图3-2）。此外，

图3-1　广东省汕尾市甘薯病毒病大田发病初期

图3-2　广东省揭阳市甘薯病毒病
　　　　大田发病后期

由甘薯双生病毒属（*Sweepoviruses*）引起的甘薯曲叶病毒病近年来也在我国各个甘薯产区发生危害并逐渐加重，特别是在北方薯区的山西、河北发生较为严重。为此，本书对甘薯病毒病害（SPVD）和甘薯曲叶病毒病分别进行重点介绍。

症状

甘薯病毒病在苗期和大田期均可发生。有些病毒侵染的甘薯植株在携带病毒滴度较低的情况下，植株往往没有任何症状。病毒在植株体内大量增殖达到一定滴度，或多种病毒复合侵染，便会形成典型的发病症状。根据甘薯病毒病的发病部位和症状特征可以分为以下几种主要症状类型。

（1）**叶片斑点型**　叶片感病初期有明脉症状，也可出现褪绿半透明斑，以后周围变成紫褐色，形成紫斑、紫环斑、黄色斑或枯斑（图3-3）。多数品种沿叶脉形成典型的紫色羽状斑，少数品种始终只形成褪绿透明斑点（图3-4，图3-5）。

图3-3　叶片紫环斑症状

图3-4　老叶片紫色羽状斑症状

（2）**花叶型**　叶片感病后，初期叶脉呈黄化或网状透明（图3-6），后沿叶脉出现不规则黄绿相间的花叶斑纹。有时叶片大部分呈黄绿色，中间杂有绿色斑块（图3-7）。

（3）**卷叶型**　一般多是叶片边缘上卷，严重者可形成杯状（图3-8）。有些品种叶片边缘向下卷曲，可能是不同病毒引起的（图3-9）。

（4）**叶片皱缩型**　病株叶片较小，叶缘不整齐，皱缩缺刻较多，呈蕨叶状或扭曲状，或叶面凹凸不平且粗糙，有与中脉平行的褪绿半透明斑（图3-10）。

图3-5 叶片斑点症状

图3-6 叶脉网状黄化透明

图3-7 叶片花叶症状

图3-8 叶片向上卷症状

图3-9 叶片向下卷症状

图3-10 叶片皱缩畸形症状

（5）**叶片黄化型** 包括叶片黄化及网状黄脉，发病植株展开的心叶出现网纹状黄化现象，严重的整个植株全部褪绿，叶片呈黄色或黄绿色，几乎不形成叶绿素（图3-11，图3-12）。

（6）**矮化丛枝型** 全株畸形矮化，缩节丛生，叶片明显细小。这些病害症状类型有时以单一类型出现，但多数情况是几种症状同时伴随出现（图3-13，图3-14）。

图3-11　叶片黄化症状

图3-12　植株褪绿症状

图3-13　植株褪绿矮化症状

图3-14　植株缩节丛生叶片缩小症状

（7）**薯块龟裂型**　患病薯块产生黑褐色或黄褐色龟裂纹（图3-15，图3-16），排列成横带状，有的发病薯块内部薯肉木栓化，剖开病薯可见肉质部分具黄褐色斑块。

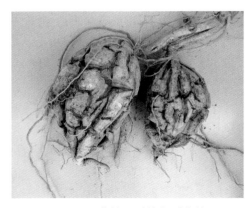

图3-15　薯块严重的龟裂症状

图3-16　薯块褐裂症状

重病植株生长迟缓，矮化，整株黄化萎缩，薯块变小、产量降低，有些薯块开裂品质变差。发病轻的植株可继续生长，在合适的温度、水肥条件下，症状逐渐消失，长出的新叶与健株叶片难以区别，但随着温度降低或干旱，病株又出现症状。还有些植株携带病毒但没有任何症状，与无病毒健康植株相比薯块小、品质差、商品率低和产量下降，造成品种的种性快速退化。

病原

甘薯病毒病的病原直至1978年才鉴定出是甘薯羽状斑驳病毒（Sweetpotato feathery mottle virus，SPFMV）。目前，甘薯病毒的检测方法包括症状学诊断、指示植物嫁接检测、血清学检测技术和分子生物学检测方法等。通过症状学诊断和指示植物嫁接检测可以初步判断甘薯是否感染病毒或被某一种病毒侵染，但是如果精准鉴定引起病毒病的病毒种类或株系，还需要采用血清学检测方法中的酶联免疫吸附法（ELISA），以及分子生物学检测方法中的PCR检测和siRNA深度测序等技术进一步检测。

目前，全世界已报道侵染甘薯的病毒有9科38种，其中联体病毒科有21个，马铃薯Y病毒科有9个。我国甘薯至少存在7科22种病毒，其中铃薯Y病毒科和双生病毒科分别有8个（表3-1）。目前，我国已报道的常见甘薯病毒主要有甘薯褪绿矮化病毒（Sweetpotato chlorotic stunt virus，SPCSV）、甘薯羽状斑驳病毒（Sweetpotato feathery mottle virus，SPFMV）、甘薯曲叶病毒（Sweet - potato leaf curl virus，SPLCV）、甘薯G病毒（Sweetpotato virus-G，SPVG）、甘薯潜隐病毒（Sweetpotato laten virus，SPLV）、甘薯类花椰菜花叶病毒（Sweetpotato caulimo like virus，SPCLV）、甘薯褪绿斑点病毒（Sweetpotato chlorotic fleck virus，SPCFV）、甘薯脉花叶病毒（Sweetpotato vein mosaic virus，SPVMV）和黄瓜花叶病毒（Cucumber mosaic virus，CMV）等，其中SPCSV和SPFMV两种病毒协同侵染引起的甘薯病毒病害（SPVD）以及甘薯曲叶病毒（SPLCV）引起的甘薯曲叶病毒病对我国甘薯产业造成了严重的危害，分别在本章第二节和第三节单独介绍。

（1）**甘薯褪绿斑点病毒**（*Sweetpotato chlorotic fleck virus*，*SPCFV*）　甘薯褪绿斑点病毒（SPCFV或C-2）属于线形病毒科香石竹潜病毒属。1992年国际马铃薯中心从秘鲁甘薯种质资源中首先分离检测到该病毒，随后我国、日本、印度、南非、澳大利亚等多个国家也检测到了此病毒。甘薯褪绿斑点病毒是危害我国甘薯的主要病毒之一，受侵染的多数甘薯品种症状轻微，在某些品种叶片上表现为轻度斑点症状。该病毒通过机械接种传毒，不能通过蚜虫传毒，至今传播介体不明。牵牛花（*I. nil*）接种后，在子叶及第1～2片真叶上出现褪绿斑和明脉。接种藜属（*Chenopodium* L.）植物可引起局部病斑，在某些烟草品种上引起花叶、坏死或叶片扭曲等症状。

表3-1　我国甘薯病毒种类统计表

编号	病毒名称	英文名	英文缩写	种属	昆虫媒介
1	黄瓜花叶病毒	Cucumber mosaic virus	CMV	*Bromoviridae/ Cucumovirus*	蚜虫
2	甘薯C6病毒	Sweetpotato C-6 virus	C-6 virus	*Flexiviridae/ Carlavirus*	—
3	甘薯类花椰菜花叶病毒	Sweetpotato caulimo-like virus	SPCV	*Caulimoviridae/ Cavemovirus*	—
4	甘薯褪绿斑点病毒	Sweetpotato chlorotic fleck virus	SPCFV	*Flexiviridae/ Carlavirus*	—
5	甘薯褪绿矮化病毒	Sweetpotato chlorotic stunt virus	SPCSV	*Closteroviridae/ Crinivirus*	粉虱
6	甘薯羽状斑驳病毒	Sweetpotato feathery mottle virus	SPFMV	*Potyviridae/ Potyvirus*	蚜虫
7	甘薯潜隐病毒	Sweetpotato latent virus	SPLV	*Potyviridae/ Potyvirus*	蚜虫
8	甘薯曲叶病毒	Sweetpotato leaf curl virus	SPLCV	*Geminiviridae/ Begomovirus*	粉虱
9	甘薯中国曲叶病毒	Sweetpotato leaf curl China virus	SPLCCNV	*Geminiviridae/ Begomovirus*	—
10	甘薯中国曲叶病毒2	Sweetpotato leaf curl China virus 2	SPLCCNV-2	*Geminiviridae/ Begomovirus*	—
11	甘薯乔治亚曲叶病毒	Sweetpotato leaf curl Georgia virus	SPLCGV	*Geminiviridae/ Begomovirus*	粉虱
12	甘薯四川曲叶病毒1	Sweetpotato leaf curl Sichuan virus1	SPLCSiV-1	*Geminiviridae/ Begomovirus*	—
13	甘薯四川曲叶病毒2	Sweetpotato leaf curl Sichuan virus2	SPLCSiV-2	*Geminiviridae/ Begomovirus*	—
14	甘薯河南曲叶病毒	Sweetpotato leaf curl Henan virus	SPLCHnV	*Geminiviridae/ Begomovirus*	—
15	甘薯加纳利群岛曲叶病毒	Sweetpotato leaf curl Canary virus	SPLCCV	*Geminiviridae/ Begomovirus*	粉虱
16	甘薯轻斑驳病毒	Sweetpotato mild mottle virus	SPMMV	*Potyviridae/ Ipomovirus*	—

（续）

编号	病毒名称	英文名	英文缩写	种属	昆虫媒介
17	甘薯轻型斑点病毒	Sweetpotato mild speckling virus	SPMSV	*Potyviridae/ Potyvirus*	蚜虫
18	甘薯脉花叶病毒	Sweetpotato vein mosaic virus	SPVMV	*Potyviridae/ Potyvirus*	蚜虫
19	甘薯病毒2	Sweetpotato virus 2	SPV2	*Potyviridae/ Potyvirus*	蚜虫
20	甘薯病毒G	Sweetpotato virus G	SPVG	*Potyviridae/ Potyvirus*	蚜虫
21	烟草花叶病毒	Tobacco mosaic virus	TMV	*Comoviridae/ Tobamovirus*	叶蝉
22	甘薯病毒C	Sweetpotato virus C	SPVC	*Potyviridae/ Potyvirus*	蚜虫

（2）**甘薯潜隐病毒**（Sweetpotato latent virus，SPLV）　甘薯潜隐病毒（SPLV）属于马铃薯Y病毒科马铃薯Y病毒属，1979年在我国台湾被首先发现，也被日本、韩国、南非和卢旺达等国家报道。SPLV侵染甘薯症状不明显，只在某些品种上产生轻度斑驳，通过蚜虫进行传播。我国甘薯上普遍存在SPLV，黄立飞等2017年通过对采自国家种质资源广州甘薯圃中病毒样品检测发现，该病毒检出率可达到91%。秦艳红等2009—2010年从我国18个省份采集的113份甘薯病毒样品中获得了25个甘薯潜隐病毒外壳蛋白（Coat protein，CP）基因，核苷酸和氨基酸序列一致性分别为94%～100%和96%～100%，表明侵染我国甘薯的甘薯潜隐病毒比较保守。

（3）**甘薯脉花叶病毒**（Sweetpotato vein mosaic virus，SPVMV）　甘薯脉花叶病毒（SPVMV）属于马铃薯Y病毒科马铃薯Y病毒属，1973年在阿根廷被发现并报道。乔奇等2011年报道该病毒也是我国甘薯主要病毒之一，也是引起国家种质资源广州甘薯圃中病毒病的主要病毒之一。通过汁液接触和桃蚜进行非持久性传播。寄主范围仅为旋花科植物。患病甘薯植株呈现明脉、花叶、叶片畸形、矮化，结薯少。指示植物巴西牵牛花感染后叶片出现畸形、变小和褪绿症状。

（4）**甘薯病毒2**（Sweetpotato virus2，SPV2）　甘薯病毒2（SPV2）又叫SPV Ⅱ 和甘薯脉花叶病毒，属于马铃薯Y病毒科马铃薯Y病毒属，1988年首先分离自我国台湾，目前广泛分布于世界各地甘薯产区。该病毒经常与甘薯羽状斑驳病毒和甘薯G病毒复合侵染，在滴度低的情况下，一般不会引起甘薯产生症状。通过蚜虫非持久方式传播，嫁接指示植物巴西牵牛花后，使巴西牵牛花叶片叶脉多呈现褪绿或褪绿斑点。SPV2病毒粒体丝状，长850nm，侵染细胞产生风轮状、卷轴状内含体。SPV2除侵染旋花植物外，藜属植物、曼陀罗和烟草都是其寄主。

（5）**甘薯类花椰菜花叶病毒**（Sweetpotato caulimo like virus，SPCLV） 甘薯类花椰菜花叶病毒（SPCLV），属花椰菜病毒科木薯脉花叶病毒属，最初是Atkey等1987年从波多黎各的甘薯上发现的一种与花椰菜花叶病毒类似的病毒。目前，我国、美国、澳大利亚、菲律宾、新西兰和太平洋岛国等地都发现了该病毒，其传毒媒介尚不清楚。SPCLV在多数甘薯品种上不表现症状，在缺氮的条件下有时可引起甘薯叶片轻度褪绿斑点或斑驳。可引起指示植物巴西牵牛叶脉褪绿斑点和脉间褪绿斑，最终导致植株枯萎和叶片脱落。SPCLV与花椰菜花叶病毒相似，其粒体呈球状，直径为50nm。在受SPCLV侵染的巴西牵牛细胞中很容易检测到直径4μm、卵形或球形的病毒内含体，相似于双生病毒（Geminiviruses）引起的内含体，不同之处是SPCLV的内含体位于细胞质。

（6）**甘薯G病毒**（Sweetpotato virus-G，SPVG） 甘薯G病毒（SPVG）属于马铃薯Y病毒科马铃薯Y病毒属，Colinet等1994年首先在我国广东甘薯上鉴定到。该病毒广泛分布于我国甘薯产区，在北美洲、南美洲、非洲、欧洲和大洋洲都有报道。该病毒滴度低不引起甘薯典型的症状，多与甘薯羽状斑驳病毒复合侵染甘薯，在指示植物巴西牵牛叶片上呈现褪绿斑点。通过棉蚜（*Apphis gossypii*）和桃蚜（*Myzus persicae*）进行非持久传毒。根据SPVG *CP*基因的核苷酸序列的相似性，SPVG可分为CH、CH2、Hua2和TW等24个株系类型，我国分离出的病毒属于CH株系和CH2株系，CH株系比CH2株系更为流行。

（7）**黄瓜花叶病毒**（Cucumber mosaic virus，CMV） 黄瓜花叶病毒（CMV）属雀麦花叶病毒黄瓜花叶病毒属。该病毒是危害我国甘薯的重要病毒之一，乔奇等2012年对我国18个省份采集的176份表现病毒病症状的甘薯样品进行检测，该病毒阳性率为17.6%，黄立飞等2017年对国家种质资源广州甘薯圃中表现病毒病症状的资源进行检测，结果表明其阳性率达38%。此外，中东和地中海地区报道了此病毒的发生与危害。该病毒只有在植株感染甘薯褪绿矮化病毒（SPCSV）后才会发生CMV的感染，发病植株多出现矮化、褪绿、花叶和黄化等症状。CMV由棉蚜和桃蚜以非持久性方式进行传播，寄主范围广泛，能侵染85科365属1 000多种植物，是世界上最具经济重要性的植物病毒之一。

发病规律

已知的甘薯病毒都可通过块根、嫁接及机械传播，种薯种苗调运是甘薯远距离传播的主要途径。在苗床和田间甘薯生长时期，SPFMV、SPVMV、SPVG、SPV2、SPVC可由蚜虫以非持久性方式进行传播；SPCSV、SPLCV、SPYDV、SPYMMV、CMV、SPMMV可由粉虱以半持久性方式进行传播；但蚜虫和粉虱均不能传播SPLV和SPCLV。此外，已知的甘薯病毒都可通过嫁接进行传播。

甘薯病毒病的发生和流行程度取决于种薯种苗带毒率、各种传毒介体种群数量与活力以及甘薯品种的抗性，此外还与土壤、耕作制度和栽植期有关，特别是在干旱缺水的条件下，极易出现病毒病的大爆发，如广东省湛江市2015年甘薯病毒病的暴发和2019年病毒病发生抬头都与当时降水偏少、田间干旱有极大的关系。在传播过程中，多种病毒往往复合侵染甘薯，这将导致昆虫传毒效率的提高，影响介体昆虫的偏好性和生物学特性，昆虫传毒效率的提高又将导致寄主范围的扩大及易感品种的增加。

防治方法

（1）**加强产地检疫** 在繁苗圃和生产田中发现病株后要及时拔除销毁，可有效降低病毒病发病率，减少危害。种薯种苗调运是甘薯病毒远距离传播的主要途径。近年来，一些种苗企业利用南方的气候优势，在南方薯区快速繁苗，然后调运至其他薯区进行种植，使得甘薯病毒病害（SPVD）迅速扩散，给一些种植户造成巨大的损失。因此，尽量减少跨大区调运种薯种苗。此外，国际种质交换，都必须经过严格的病毒鉴定和隔离种植，确认无毒后方可引入。

（2）**选用抗病耐病品种** 至今尚未发现对甘薯病毒完全免疫的品种，但是不同甘薯品种之间存在明显的抗性差异。有的品种对某些病毒具有抗病性或耐病性，表现为症状轻微或对产量的影响较小。因此，利用具有一定抗病性或耐病性的品种，如广薯128、徐薯18、潮薯1号、万紫51和恩薯2号等，是防治甘薯病毒病的有效方法。

由于有些甘薯携带病毒不表现症状，又缺乏高效经济的检测方法，因此，目前对于抗耐病毒品种的评价和鉴定仍然不完善，缺乏对育成品种系统的抗耐病毒病评价。此外，近年新病毒病的发生，导致原先在生产上推广的一些抗耐品种已丧失抗性。

（3）**利用脱毒健康种薯种苗** 病毒在植物体内呈现不均匀分布。利用甘薯茎尖病毒含量低或不带病毒的特性，对甘薯茎尖分生组织进行培养获取脱毒苗，主要技术过程包括茎尖组培脱毒、多病毒检测和脱毒种苗种薯生产等。通过种植脱毒种苗，可有效地解决甘薯种苗带毒和品种退化的问题，显著提高甘薯的产量，改善甘薯品质（图3-17，图3-18）。

图3-17　种性退化的广薯87薯块　　　　图3-18　脱毒复壮的广薯87薯块

因此，甘薯病毒病的防控必须从种苗源头着手，即构建完善的健康种苗繁育体系。各地要建立无毒种薯种苗基地，推广应用脱毒健康种苗，这将是甘薯产业健康发展的必由之路，目前，我国山东、河南、江苏等省份已建立较为完善的甘薯脱毒健康种苗繁育供应体系，其他省份也在有条不紊地开展这方面工作。

（4）**农业防治**　　加强田间管理，增施有机肥，促进植株生长以增强抗病能力；合理轮作，特别是水旱轮作；收获后清除田间散落的小薯，注意田间操作时对手和工具进行消毒；干旱天气，传毒昆虫易滋生繁殖，应加强对田间水分的控制，定期调查虫情，适时喷洒农药，消灭传毒昆虫；清理田间田埂的杂草，特别是旋花科和藜科植物，减少病毒寄主和昆虫栖息场所；早种早收，避免与干旱、蚜虫发生高峰期相遇，避免与有病毒病发生的蔬菜、烟草和木瓜等作物相邻种植；甘薯种植集中的地区尽量统防统治。

（5）**介体昆虫的防治**　　甘薯病毒病的传播昆虫主要是粉虱和蚜虫。因此，在生产上要特别注意防控粉虱和蚜虫，常用的方法有使用化学防治、生物农药防治、生物防控以及物理方法等。其中，化学防治是目前防治粉虱和蚜虫最有效的措施。可选用50%抗蚜威可湿性粉剂2 000～3 000倍液，或10%吡虫啉可湿性粉剂1 000～1 500倍液，3%啶虫脒乳油1 500倍液，或20%甲氰菊酯乳油3 000倍液，或25%噻虫嗪水分散剂颗粒150～300g/hm²兑水喷雾，间隔7～10d，共喷施2～3次。

3.2　甘薯SPVD

分布与危害

甘薯SPVD（Sweetpotato virus diseases）是由甘薯羽状斑驳病毒（Sweetpotato feathery mottle virus，SPFMV）和甘薯褪绿矮化病毒（Sweetpotato chlorotic stunt virus，SPCSV）双重感染和协同互作引起的甘薯毁灭性病毒病。SPVD自2012年在我国发现以来，在全国各个薯区快速蔓延，目前在广东、江苏、四川、安徽、福建、山东、湖北和广西等省份先后发生，已成为影响我国甘薯产业发展的潜在威胁。SPVD不同于以往的甘薯病毒病，其发病对产量影响极大，可造成90%以上的产量损失，甚至绝收。广东省湛江市2013年发现零星疑似SPVD，2015年上半年出现大面积暴发。据农业管理部门统计，发病面积为1 257hm^2，发病率在50%以上的病田比例达到12.3%，部分受害严重的田块甚至失收（图3-19），重创了当地甘薯种植业。SPVD对甘薯的产量影响极大，往往造成毁灭性危害，因此，在本节单独着重地对其进行介绍。

图3-19　SPVD发生严重的甘薯生产大田

SPVD在非洲原指由病毒侵染引起的严重的甘薯病症。Karyeija等认为1939年发生在刚果的甘薯病毒病为SPVD是非洲的首次报道，该病害几年内使当地甘薯减产达到87%，导致当地放弃种植甘薯。1976年，在尼日利亚SPVD首次被确认是由桃蚜和棉蚜进行非持久传播的甘薯脉明病毒（SPFMV）与烟粉虱传播的SPCSV协生共侵染引起的。目前，卢旺达、布隆迪、乌干达、喀麦隆、肯尼亚、加纳、尼日利亚、坦桑尼亚、加蓬和津巴布韦等东非、西非国家都有SPVD发生，特别是在东非国家SPVD引起许多高产甘薯品种产量损失

80%～90%。1990年美国、阿根廷、巴西和秘鲁等国家也报道发生了SPVD，在亚洲的以色列以及我国台湾先后都报道发现了SPVD。

症状

单独感染SPFMV后叶片症状多为轻微且暂时性的，但在老叶片上多出现脉明、叶脉形成紫色羽状纹，褪绿斑点，薯块症状多表现为开裂或内部坏死。在甘薯病毒指示植物日本牵牛或巴西牵牛上产生明脉、脉带及黄化斑点等症状。SPFMV引起的症状常因甘薯品种和病毒株系等因素的改变而表现不同，株系C不能引起薯块坏死和根裂，而株系RC则可以。株系RC在不同甘薯品种上能够引起叶斑、根部褐裂和坏死斑、根部内木栓等症状。甘薯在育苗期及大田生长阶段均有可能感染甘薯病毒，其中与SPFMV有关的症状有斑驳、脉带、坏死斑和褪绿斑，大部分感染的SPFMV甘薯植株叶部并不呈现明显的症状。

甘薯褪绿矮化病毒（SPCSV）单独侵染甘薯和巴西牵牛时，植株无症状或产生较轻微的缺绿症和矮化，中下部叶片可出现紫斑、黄化或花叶等。此外，SPCSV-EA（东非株系）可导致甘薯叶片轻度至中度卷曲以及黄化等。

然而，甘薯同时感染SPFMV和SPCSV两种病毒，即发生SPVD后，不同甘薯品种发生的症状略有差异，但任何品种的叶片叶绿素含量大幅度降低，产量损失严重（图3-20，图3-21）。与健康甘薯植株相比，患病植株主要症状表现为地上部分植株发育受限，严重矮化，叶片多呈变窄、扭曲、叶面凹凸不平且粗糙皱缩等畸形形态，以及黄化、花叶、明脉等褪绿症状（图3-22，图3-23）。发病严重时整个植株畸形褪绿、缩节丛生，整个生产大田全部发病黄化（图3-24，图3-25）。地下部分症状主要表现为结薯少和薯块不膨大。此外，有些发病严重的薯块开裂畸形，或薯块表面粗糙褐裂（图3-26，图3-27），但是多数薯块不膨大，减产严重（图3-28，图3-29，图3-30，图3-31）。如果利用症状不明显的薯块进行育苗，薯块出苗慢、苗矮小发黄，苗圃出苗参差不齐（图3-32，图3-33）。

图3-20　普薯32发病叶片症状和正常叶片　　图3-21　普薯32发病植株症状和正常植株

图3-22　广薯87正常植株

图3-23　广薯87发病植株症状

图3-24　广薯87大田发病植株矮缩丛生

图3-25　普薯32大田发病植株畸形簇生

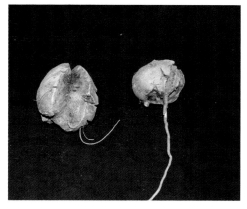

图3-26　薯块开裂畸形症状

图3-27　薯块褐裂症状

图3-28　广薯87正常结薯

图3-29　患病广薯87结薯少或不膨大

图3-30　普薯32正常结薯

图3-31　患病普薯32结薯少或不膨大

图3-32　带病毒薯块出苗慢、苗矮小发黄

图3-33　带病毒薯块育苗参差不齐

病原

甘薯病毒病害（SPVD）病原包括甘薯羽状斑驳病毒（SPFMV）和甘薯褪绿矮化病毒（SPCSV）两种病毒。

（1）**甘薯羽状斑驳病毒**（SPFMV） SPFMV是侵染甘薯的主要病毒之一，是引起甘薯退化，导致严重减产的主要病原。1945年被首次描述，在世界主要甘薯产区均有发生。SPFMV属马铃薯Y属病毒，病毒粒体条状，长为800～880nm，在寄主细胞内可见风轮状内含体。体外存活期不到24h，热灭活温度60～65℃。根据外壳蛋白核苷酸序列系统进化分析以及在寄主上的症状类型，SPFMV至少可以划分为EA（East African）、RC（Russet crack）、O（Ordinary）和C等4个株系。随后，结合生物学、血清学和外壳蛋白核苷酸序列研究结果，将C株系划分为马铃薯Y病毒组的一个新种，命名为甘薯病毒C（Sweetpotato virus C，SPVC）。SPFMV的菌系EA不只限于东非地区，现在分布越来越广泛。Dolores等通过生物学和核苷酸序列分析，发现SPFMV在菲律宾存在O、EA和RC 3个株系，RC株系为主要株系。研究表明，目前我国甘薯上存在SPFMV的EA、RC、O株系以及SPVC，鉴于血清学并不能完全将SPFMV同SPVC区分开来，推测早期报道的SPFMV中有很大一部分可能是SPVC。近期研究表明，马铃薯Y病毒组间频繁重组是促进病毒进化的驱动力，SPFMV菌株10-O是菌系O、EA和RC三重重组子。

（2）**甘薯褪绿矮化病毒**（SPCSV） SPCSV是长线形病毒科毛形病毒属病毒。SPCSV最早报道于20世纪70年代，目前主要分布在非洲和南美洲的一些国家。2010年首次报道SPCSV危害我国甘薯。根据血清学关系和核苷酸序列，SPCSV可划分为SPCSV-WA（西非株系）和SPCSV-EA（东非株系）两个株系，WA株系在世界范围内均有发生，而EA株系只在东非发生，秘鲁曾经出现过EA株系与WA株系共同侵染甘薯的现象。在我国存在EA和WA两个株系，但WA株系分布更广泛。SPCSV的基因组为双组份单链正义RNA，大小为17.6kb左右，由两个功能相对独立的RNA1和RNA2组成，RNA1主要负责病毒RNA的复制，RNA2主要负责病毒的包装和运输。目前，SPCSV的全基因组序列已经测定。

发病规律

甘薯是无性繁殖作物，一旦感染，病毒就会通过薯块或薯苗在甘薯体内不断增殖积累，代代相传，使病害逐代加重，对甘薯生产造成严重危害。SPFMV通过蚜虫进行非持久性传播，SPCSV可通过烟粉虱进行非持久性传播，主要分布在植物韧皮部组织中。作为在世界范围内侵染甘薯最常见的病毒，SPFMV能够侵染多种一年生及多年生野生寄主，在乌干达SPFMV能侵染不同农业种植区24个旋花科野生种。

SPVD的发生依赖于SPCSV和SPFMV的协同传播，由于SPFMV在我国甘薯上普遍存在，SPVD的流行取决于SPCSV的发生，要从根本上控制SPVD，关键是控制SPCSV的传播。烟粉虱是SPCSV的传播介体，SPVD的流行往往跟烟粉虱数量密切相关（图3-34）。烟粉虱在甘薯上的飞行距离很短，只能进行短距离传播。SPVD借助烟粉虱传播可以在田间形成典型的发病中心（图3-35）或SPVD波浪状扩展带。因此，拔除感染SPVD的甘薯植株及其周围植株可有效控制烟粉虱向健康植株传播病毒，是控制SPVD扩散的有效措施。

图3-34　大田SPVD叶背的烟粉虱　　　　图3-35　大田SPVD典型的圆形发病中心

防治方法

甘薯病毒病害（SPVD）的防控参考本章第一节甘薯病毒病的防治方法，此外应加强对传毒昆虫蚜虫和烟粉虱的防治工作。SPVD的流行与烟粉虱的发生量密切相关，因此加强对甘薯田烟粉虱的防治，可有效减少该病的扩散蔓延。徐州甘薯中心报道排种时采用0.1%大黄素甲醚水剂浸种10 min或在大田喷施甘薯叶面，能显著降低甘薯病毒的相对含量，对甘薯SPVD有较好的防治效果。

3.3　甘薯曲叶病毒病

分布与危害

甘薯曲叶病毒病（Sweetpotato leaf curl virus disease，SPLCVD）是对甘薯生产危害较大的病毒病害之一。1985年我国台湾首先报道该病，但是甘薯曲叶症状早在甘薯曲叶病毒病被报道之前就已经被发现。该病在美国、日本、巴西等多个国家均有发生，广泛分布于世界上甘薯产区。该病在我国各个甘薯产区均有分布并且发生危害有所加重，在北方薯区的山西、河北发生较为严重，近来在南方薯区的广东、福建、广西和海南等省份引起的危害日益严重。该病导致薯块商品性变差，减产20%以上，是今后鲜食型品种重点防控的病毒病害。

症状

甘薯曲叶病毒病最典型的症状就是甘薯植株矮化，叶片向上卷曲和黄斑，卷起的叶片边缘褶皱，叶脉肿大等（图3-36，图3-37）。受感染薯块出现纵向薯沟，如果植株同时再存在SPFMV病毒时，薯块出现薯沟的症状更加严重。龙薯28地下部分表现为结薯少、牛蒡根多和薯块不膨大，薯块表面症状不明显，严重减产（图3-38）。但是有些甘薯品种（如波嘎）不会表现出典型的症状或仅仅产生非常轻微的症状，导致产量损失25%～30%。

图3-36　甘薯曲叶病毒病大田症状

图3-37　病株叶片上卷症状

图3-38　龙薯28染病后结薯少、牛蒡根多、产量低

叶片向上卷曲的症状出现依赖于甘薯品种、病毒种类和环境条件，还可能需要其他病毒同时存在。早期卷叶症状严重的植株，但随温度的升高，会出现隐症现象，后期收获产量损失严重。嫁接到普通牵牛（*Ipomoea purpurea*）上，叶片表现出很明显的卷叶、叶片褪绿和明脉等症状。在巴西牵牛（*I. setosa* Ker Gawl.）、沼泽牵牛（*I. aquatica* Forssk.）和热带白色牵牛（*I. alba* L.）等指示植物上会呈现卷叶、畸形和黄斑等症状，但是在裂叶牵牛 [*I. nil* (L.) Roth] 呈现叶片向下卷曲、畸形等症状。

病原

引起甘薯曲叶病毒病的病毒为甘薯曲叶病毒（Sweetpotato leaf curl virus，SPLCV），该病毒属双生病毒科，菜豆金色花叶病毒属。根据系统进化特征和基因组结构，菜豆金色花叶病毒属的病毒被分为旧世界病毒（Old World viruses）和新世界病毒（New World viruses）两大类。旧世界病毒主要分布在亚洲、非洲、欧洲及澳大利亚，新世界病毒主要分布在美洲。根据基因组结构，菜豆金色花叶病毒属的病毒又被划分为单组份病毒和双组份病毒。新世界病毒主要为双组份病毒，包含2条大小为2.5～3.0kb的基因组，分别为DNA-A和DNA-B，这两个组份之间除了有一段200nt的共同区（Common region，CR）外，其余序列之间并无核酸序列相似性。新世界双组份双生病毒的DNA-A的病毒链上只含有1个开放性阅读框：AV1［编码病毒的外壳蛋白（Coat protein，CP）］，参与病毒的包装、介体的传播和系统的运动。旧世界病毒中少部分病毒为双组份，大部分病毒为单组份，即只含1条大小为2.5～3.0kb且结构类似于双组份双生病毒DNA-A的基因组。而旧世界双生病毒的DNA-A病毒链编码AV1和AV2（可能与病毒的移动功能相关）。

根据系统发育分析，侵染甘薯的菜豆金色花叶病毒属病毒分离物聚成一簇，与属内侵染其他植物的病毒明显分离开来，因此建议建立甘薯双生病毒属"Sweepoviruses"。据国际病毒分类委员会（ICTV）第十次报告，Sweepoviruses包含13个种，据河南省农业科学院植物保护研究所对从全国收集的73个曲叶病毒病样分析发现，我国至少存在8个种，分别为甘薯曲叶病毒（Sweetpotato leaf curl virus，SPLCV）、甘薯中国曲叶病毒（Sweetpotato leaf curl China virus，SPLCCNV）、甘薯中国曲叶病毒2（Sweetpotato leaf curl China virus 2，SPLCCNV-2）、甘薯乔治亚曲叶病毒（Sweetpotato leaf curl Georgia virus，SPLCGV）、甘薯四川曲叶病毒1（Sweetpotato leaf curl Sichuan virus1，SPLCSiV-1）、甘薯四川曲叶病毒2（Sweetpotato leaf curl Sichuan virus2，SPLCSiV-2）、甘薯河南曲叶病毒（Sweetpotato leaf curl Henan virus，

SPLCHnV）和加纳利群岛甘薯曲叶病毒（Sweetpotato leaf curl Canary virus，SPLCCV）。其中，甘薯曲叶病毒（Sweetpotato leaf curl virus，SPLCV）占全部曲叶病样的53.4%。近年来，随着对甘薯双生病毒的关注和深入研究，相信甘薯双生病毒种类会进一步增加。

甘薯曲叶病毒属于单组份病毒和旧世界病毒，目前未发现 DNA-B组分以及伴随的卫星DNA分子存在，只发现了DNA-A，大小约为 2 .8kb，DNA-A病毒链编码AV1和AV2两个蛋白，DNA-A互补链编码4个开放阅读框，分别是：AC1（编码病毒基因组复制起始必需的蛋白Rep，常用于病毒种类的鉴定）、AC2（编码 TrAP 蛋白，可激活病毒链上晚期基因的转录）、AC3（编码 REn蛋白，可增加病毒DNA在寄主植物中的积累量）和AC4因（编码的蛋白可能参与决定病毒引起的症状，与病毒的系统运动也相关）。

甘薯曲叶病毒在自然界存在广泛的重组事件，可导致了新病毒或新株系的形成，不同属、种、分离物之间都可以重组。Zhang 和 Ling（2011）发现病毒SPLCV和SPLCGV在复制起始位点和 AC2、AC4 区间重组形成一个新的双生病毒。黄艳岚等（2019）通过Small RNA 深度测序鉴定甘薯曲叶病毒发现，甘薯乔治亚曲叶病毒中国分离物的AV1区域和甘薯曲叶病毒 AC1 区域重组序列，发现一个重组序列片段。重组病毒一般具有更强的致病性，更易导致病害的流行，是曲叶病毒应对不同环境条件的适应性，这些重组也致使对曲叶病毒的分类、分子检测、分布、流行学以及致病性研究更加困难。

发病规律

SPLCV 是由昆虫介体烟粉虱以持久方式或嫁接方式进行传播。甘薯是无性繁殖作物，通常用种薯种苗进行种植和扩繁，一旦材料带毒，病毒通过种苗材料实现跨季节或跨种植地区远距离扩散传播。调查发现，近年来我国南北甘薯材料调运，可能是导致南方薯区发生SPLCVD的主要原因之一。此外，研究发现，实生种子在植株授粉结实过程中也会由于SPLCV的传播而携带病毒。曲叶病毒的寄主包括甘薯、巴西牵牛、沼泽牵牛、热带白色牵牛、裂叶牵牛和圆叶牵牛等旋花科番薯属植物。在自然条件下，这些寄主植物在曲叶病毒病传播、流行及变异中起到了重要的作用。

防治方法

建立高效灵敏的指示植物嫁接、血清学检测法、PCR法、核酸杂交、滚环扩增技术和深度测序技术等检测方法。在生产上推广利用无病毒的健康种苗，防控烟粉虱，可参照病毒病的防控方法。此外，我国育种家对实生种子的选育过程，需要严格监控，防止潜在病毒的跨区域侵染和传播。

参考文献

包改丽，左瑞娟，饶维力，等，2013.云南甘薯病毒的检测及主要病毒的多样性分析[J].微生物学通报，40(2): 236-248.

董芳，张超凡，2016.甘薯病毒病防控措施研究进展与展望[J].作物杂志(3): 6-11.

黄利利，Pham Binhdan，何芳练，等，2016.广西甘薯病毒病的病原病毒种类检测[J].基因组学与应用生物学，35(5): 1213-1218.

黄艳岚，张道微，董芳，等，2019. Small RNA 深度测序鉴定甘薯种质的甘薯曲叶病毒[J].分子植物育种，17 (11):3641-3649.

姜珊珊，谢礼，吴斌，等，2017.山东甘薯主要病毒的鉴定及多样性分析[J].植物保护学报，44(1): 93-102.

李汝刚，蔡少华，Salazar L F, 1990.中国甘薯病毒的血清学检测[J].植物病理学报，20(3): 189-194.

刘起丽，2015.中国甘薯双生病毒种类鉴定、分子变异及检测方法研究[D].北京:中国农业大学.

刘意，苏文瑾，雷剑，等，2016.湖北省主栽甘薯品种病毒种类的血清学检测[J].湖北农业科学，55(22): 5821-5824.

欧阳曙，王瑞珍，郑晓英，1984.甘薯茎尖培养及丛枝病原的消除[J].福建农业科技(2): 19.

彭小琴，王浩然，张俊，等，2017.湖北甘薯病毒病的检测与鉴定[J].中国植保导刊，37(8):20-23.

乔奇，张振臣，张德胜，等，2012.中国甘薯病毒种类的血清学和分子检测[J].植物病理学报，42(1): 10-16.

秦艳红，乔奇，张德胜，等，2013.甘薯褪绿矮化病毒外壳蛋白基因的克隆及在大肠杆菌中的表达[J].河南农业科学，42(6): 85-87.

汤亚飞，何自福，韩利芳，等，2013.侵染广东甘薯的甘薯曲叶病毒分子检测与鉴定[J].植物保护，39(4):25-28

王庆美，王荫墀，1994.甘薯病毒病研究进展[J].山东农业科学(4):36-39.

王爽，刘顺通，韩瑞华，等，2015.不同时期嫁接感染甘薯病毒病(SPVD)对甘薯产量的影响[J].植物保护，41(4):117-120.

王晓华，张振臣，乔奇，等，2012.甘薯羽状斑驳病毒外壳蛋白基因的分子变异[J].植物保护，38(2):114-116.

辛相启，李长松，杨崇良，等，1997.侵染甘薯的烟草花叶病毒(TMV)[J].植物病理学报，27(2):112.

邢继英，杨永嘉，1995.甘薯病毒病检测方法[J].植物保护，21(2): 38-40.

杨彩霞，张帅宗，孙蓬蓬，等，2014.甘薯曲叶病毒的研究进展.中国农学通报，30(1): 298-301.

杨永嘉, 刑继英, 1990. 甘薯病毒病调查研究 [J]. 江苏农业科学 (2):33-34.

张盼, 2012. 甘薯病毒病害 (SPVD) 病原的检测方法和分子变异研究 [D]. 郑州: 河南农业大学.

张振臣, 马淮琴, 张桂兰, 2000. 甘薯病毒病研究进展 [J]. 河南农业科学 (9): 19-22.

张振臣, 乔奇, 秦艳红, 等, 2012. 中国发现由甘薯褪绿矮化病毒和甘薯羽状斑驳病毒协生共侵染引起的甘薯病毒病害 [J]. 植物病理学报, 42(3):328-333.

赵永强, 张成玲, 孙厚俊, 等, 2012. 甘薯病毒病复合体 (SPVD) 对甘薯产量的影响 [J]. 西南农业学报, 25(3): 909-911.

周全卢, 张玉娟, 黄迎冬, 等, 2014. 甘薯病毒病复合体 (SPVD) 对甘薯产量形成的影响 [J]. 江苏农业学报, 30(1) : 42-46.

Ames T, Smit N E J M, Braun A R, et al., 1997. Sweetpotato: Major pests, diseases, and nutritional disorders[M]. Lima, Peru: International Potato Center (CIP):66-70.

Aritua V, Alicai T, Adipala E, et al., 2010. Aspects of resistance to sweet potato virus disease in sweet potato[J]. Annals of Applied Biology, 132(3):387-398.

Clark C A, Davis J A, Abad J A, et al., 2012. Sweetpotato Viruses: 15 Years of progress on understanding and managing complex diseases[J]. Plant Disease, 96(2):168-185.

Clark C A, Derrick K S, Pace C S, et al., 1986. Survey of wild Ipomoea spp. as potential reservoirs of sweet potato feathery mottle virus in Louisiana[J]. Plant Disease,70(10).

Clark C A, Ferrin D M, Smith T P, et al., 2013. Compendium of sweetpotato diseases, pests, and disorders[M]. St. Paul: The American Phytopathological Society Press.

Clark C A, Hoy M W, 2006. Effects of common viruses on yield and quality of beauregard sweetpotato in Louisiana[J]. Plant Disease, 90(1):83-88.

Cuellar W J, Cruzado R K, Fuentes S, et al., 2011. Sequence characterization of a Peruvian isolate of Sweetpotato chlorotic stunt virus: further variability and a model for p22 acquisition[J]. Virus Research, 157(1):111-115.

Cuellar W J, Kreuze J F, Rajamäki M L, et al., 2009. Elimination of antiviral defense by viral RNase III[J]. Proceedings of the National Academy of Sciences of the United States of America, 106(25):10354-10358.

Cuellar W J, Tairo F, Kreuze J F, et al., 2008. Analysis of gene content in sweet potato chlorotic stunt virus RNA1 reveals the presence of the p22 RNA silencing suppressor in only a few isolates: implications for viral evolution and synergism[J]. Journal of General Virology, 89(2):573-582.

Dolores L M, Yebron M G N, Laurena A C, 2012. Molecular and biological characterization of selected sweetpotato feathery mottle virus (SPFMV) strains in the Philippines[J]. Crop Protection Newsletter, 37(2):29-37.

Doolittle S P, Harter L L, 1945. A graft-transmissible virus of sweet potato[J]. Phytopathology, 35(9): 695-704.

Gibson R W, Mpembe I, Alicai T, et al., 1998. Symptoms, aetiology and serological analysis of sweet potato virus disease in Uganda[J]. Plant Pathology, 47(1):95-102.

Gutiérrez D L, Fuentes S, Salazar L F, 2003. Sweetpotato virus disease (SPVD): distribution, incidence, and effect on sweetpotato yield in Peru[J]. Plant Disease, 87(3):297-302.

Hoyer U, Maiss E, Jelkmann W, et al., 1996. Identification of the coat protein gene of a sweet potato sunken vein closterovirus isolate from Kenya and evidence for a serological relationship among geographically diverse closterovirus isolates from sweet potato[J]. Phytopathology, 86(7): 744-750.

Karyeija R F, Kreuze J F, Gibson R W, et al., 2000. Two serotypes of sweetpotato feathery mottle virus in Uganda and their interaction with resistant sweetpotato cultivars[J]. Phytopathology, 90(11):1250.

Kokkinos C D, Clark C A, 2006. Interactions among sweet potato chlorotic stunt virus and different Potyviruses and Potyvirus Strains Infecting Sweetpotato in the United States[J]. Plant Disease, 90(10):1347-1352.

Kreuze J F, Savenkov E I, Cuellar W, et al., 2005. Viral class 1 RNase III involved in suppression of RNA silencing[J]. Journal of Virology,79(11):7227.

Kreuze J F, Savenkov E I, Valkonen J P, 2002. Complete genome sequence and analyses of the subgenomic RNAs of sweet potato chlorotic stunt virus reveal several new features for the genus Crinivirus[J]. Journal of Virology, 76(18):9260-9270.

Liu Q L , Wang Y J, Zhang Z C, et al., 2017. Diversity of sweetpoviruses infecting Sweet potato in China[J]. Plant disease, 101(12):2098-2103.

Milgram M, Cohen J, Loebenstein G,1996. Effects of sweet potato feathery mottle virus and sweet potato sunken vein virus on sweet potato yields and rates of reinfection of virus-free planting material in Israel[J]. Phytoparasitica, 24(3):189-193.

Mori M, Sakai J, Kimura T, et al., 1995. Nucleotide sequence analysis of two nuclear inclusion body and coat protein genes of a sweet potato feathery mottle virus severe strain (SPFMV-S) genomic RNA[J]. Archives of Virology, 140(8): 1473-1482.

Mukasa S B, Rubaihayo P R, Valkonen J P T, 2003. Incidence of viruses and viruslike diseases of sweetpotato in Uganda[J]. Plant Disease An International Journal of Applied Plant Pathology, 87(4):329-335.

Njeru R W, Mburu M W K, Cheramgoi E, et al., 2015. Studies on the physiological effects of viruses on sweet potato yield in Kenya[J]. Annals of Applied Biology, 145(1):71-76.

Peremyslov V V, Hagiwara Y, Dolja V V, 1998. Genes required for replication of the 15.5-kilobase RNA genome of a plant closterovirus[J]. Journal of Virology, 72(72):5870-5876.

Qiao Q, Zhang Z C, Qin Y H, et al., 2011. First report of Sweet potato chlorotic stunt virus infecting sweet potato in China[J]. Plant Disease, 95(3): 356.

Qin Y H, Zhang Z C, Qiao Q, et al., 2013. Complete Genome Sequences of Two Sweet Potato Chlorotic Stunt Virus Isolates from China[J]. Genome Announcements, 1(3).

Qin Y H, Zhang Z C, Qiao Q, et al., 2013. Molecular variability of sweet potato chlorotic stunt virus (SPCSV) and five potyviruses infecting sweet potato in China[J]. Archives of Virology, 158(2): 491-495.

Sakai J, Mori M, Morishita T, et al., 1997. Complete nucleotide sequence and genome organization of sweet potato feathery mottle virus (S strain) genomic RNA:the large coding region of the P1 gene[J]. Archives of Virology, 142:1553-1562.

Schaefers G A, Terry E R, 1976. Insect transmission of sweet potato disease agents in Nigeria[J]. Phytopathology, 66(5):642-645.

Steck M B, 2006. Interactions between a crinivirus, an ipomovirus and a potyvirus in coinfected sweetpotato plants[J]. Plant Pathology, 55(3): 458-467.

Tairo F, Mukasa S B, Jones R A, et al., 2005. Unravelling the genetic diversity of the three main viruses involved in Sweet Potato Virus Disease (SPVD), and its practical implications[J]. Molecular Plant Pathology, 6(2):199-211.

Tugume A K, Mukasa S B, Valkonen J P, 2008. Natural wild hosts of sweet potato feathery mottle virus show spatial differences in virus incidence and virus-like diseases in Uganda[J]. Phytopathology, 98(6): 640-652.

Untiveros M, Olspert A, Artola K, et al., 2016. A novel sweet potato potyvirus ORF is expressed via polymerase slippage and suppresses RNA silencing[J]. Molecular Plant Pathology, 17(7):1111-1123.

Untiveros M, Quispe D, Kreuze J, 2010. Analysis of complete genomic sequences of isolates of the Sweet potato feathery mottle virus strains C and EA: molecular evidence for two distinct potyvirus species and two P1 protein domains[J]. Archives of Virology, 155(12): 2059-2063.

Wang Q M, Zhang L M, Wang B, et al., 2010. Sweetpotato viruses in China[J]. Crop Protection, 29(2): 110-114.

Xie Y P, Xing J Y, Li X Y, et al., 2013. Survey of sweetpotato viruses in China[J]. Acta Virologica, 57(1):81.

Zhang L M, Wang Q M, Wang Q C, 2009. Sweetpotato in China[C]. In: Loebenstein G, Thottappilly G (Eds.). The Sweetpotato. Spinger Netherlands: 325-358.

第4章
甘薯线虫病害

甘薯作为地下块根作物，相比其他作物，更易遭受线虫威胁而使产量发生严重损失。甘薯受到线虫侵染后，地上部表现为植株矮小、生长迟缓、长势衰弱和叶片黄化等，地下部表现为根系坏死、根结、坏死斑、薯块糠心和裂皮等，植株发育受到抑制，使甘薯的产量和质量受到明显的影响，一般发病田减产20%～50%，重病田甚至绝产无收。此外，线虫取食甘薯地下部造成的伤口有利于真菌和细菌侵入，易受其他根部病原菌的侵害，加重甘薯茎腐病、薯瘟病、根腐病和蔓割病等病害的危害，造成更加严重的经济损失。因此，甘薯线虫病已是限制甘薯生产的主要因素之一。

已经报道的甘薯寄生线虫种类有粒线虫属（*Anguina*）、滑刃线虫属（*Aphelenchoides*）、刺线虫属（*Belonolaimus*）、小环线虫属（*Criconemella*）、茎线虫属（*Ditylenchus*）、矛线虫属（*Dorylaimus*）、螺旋线虫属（*Helicotylenchus*）、鞘线虫属（*Hemicycliophora*）、胞囊线虫属（*Heterodera*）、纽带线虫属（*Hoplolaimus*）、根结线虫属（*Meloidogyne*）、拟毛刺线虫属（*Paratrichodorus*）、针线虫属（*Paratylenchus*）、短体线虫（*Pratylenchus*）、五沟线虫属（*Quinisulcius*）、穿孔线虫属（*Radopholus*）、肾形线虫属（*Rotylenchulus*）、盘旋线虫属（*Roty-lenchus*）、盾状线虫属（*Scutellonema*）、矮化线虫属（*Tylenchorhynchus*）、半穿刺线虫属（*Tylenchulus*）和剑线虫属（*Xiphinema*）等22个属。

在世界范围内，由南方根结线虫（*Meloidogyne incognita*）、肾形肾状线虫（*Rotylenchulus reniformis*）、腐烂茎线虫（*Ditylenchus destructor*）和短体线虫（*Pratylenchus* spp.）引起的根结线虫病、肾形线虫病、茎线虫病和短体线虫病是目前在甘薯生产中最主要的线虫病害。甘薯根结线虫病和肾形线虫病广泛分布于世界各地。甘薯短体线虫病在日本危害比较重。在我国，4种甘薯线虫病害都有发生，其中甘薯茎线虫危害最大，长期以来，也主要集中研究甘薯茎线虫病。这种偏驳研究导致了我国甘薯线虫病害缺乏系统深入的鉴定防控研究，理论基础薄弱，不能对甘薯生产做出合理有效地指导。因此，今后应该进一步加强对甘薯线虫病的系统研究。本章分别对4个重要的甘薯线虫病害进行详细地介绍。

除此之外，还有香蕉穿孔线虫、双宫螺旋线虫、长尾刺线虫和较小拟毛刺线虫等线虫也是危害较为严重的甘薯线虫。香蕉穿孔线虫（*Radopholus similis*）分布于热带和亚热带，寄主范围非常广泛，已报道的寄主植物有350多种。该线虫在根内取食和迁移，引起甘薯根部坏死斑与腐烂。发病的薯块及黏附的土壤是远距离传播的主要途径。双宫螺旋线虫（*Helicotylenchus dihystera*）是甘薯上最常见的线虫，分布于全世界，寄主范围广泛。该线虫能够在甘薯上快速繁殖，可以部分或完全嵌入根。长尾刺线虫（*Belonolaimus longicaudatus*）在甘薯上偶尔发现，也可造成严重的损失。受侵染的甘薯植株发育不良、早衰和不结薯，根短且根尖后面肿胀。线虫取食点上方可以长出新的根，在根部和根尖出现黑色病斑。较小拟毛刺线虫（*Paratrichodorus minor*）是许多农作物的外寄生线虫，多发现于沙质土壤，分布于世界各地。土壤温度、组成和水分会极大地影响线虫的分布。受害的根短且几乎没有侧根，并且根尖末端膨大。

4.1 甘薯茎线虫病

分布与危害

甘薯茎线虫病（Stem nematode or Brown ring），又称空心病、糠心病、黑梆子、空梆子、糠梆子和浊皮病等，是由腐烂茎线虫（*Ditylenchus destructor*）引起的一种毁灭性病害。该线虫主要发生温带地区，集中在北美洲、欧洲和我国北方地区，是世界重要的植物线虫检疫对象。早在1930年美国就报道了茎线虫，但在美国对甘薯的危害相对不是太严重。该线虫病害1937年从日本传入我国，目前广泛分布在河北、河南、北京、天津、山东、江苏、安徽、吉林、内蒙古等12个省（自治区、直辖市），是我国北方薯区三大病害（茎线虫病、根腐病、黑斑病）之一。受害田块一般可减产20%～40%，严重的可减产50%～80%，甚至绝收。该病害不仅在大田生长期直接危害薯块，造成减产，而且在贮藏期间病情持续发展，使整个薯块糠心，不能食用甚至造成烂窖。腐烂茎线虫是一种多食性迁移型植物内寄生性线虫，除危害甘薯外，还可危害豆类、花生、小麦、玉米、山药、胡萝卜、马铃薯、荞麦、蓖麻、小旋花、马齿苋和黄蒿等多种作物或田间杂草，寄主范围十分广泛，已知寄主植物多达120多种。

症状

甘薯在整个生育期都可发生甘薯茎线虫病，症状主要表现在薯块上，其次在茎蔓基部。典型症状是受害处薯块和薯茎内部组织呈黑与白的疏松花瓣状，即称"糠心"（图4-1，图4-2）。

图4-1　患病薯块典型糠心症状
（闫海江提供）

图4-2　患病薯块不同糠心型

在育苗期，发病轻的薯苗不易与健苗相区别，发病重的薯苗出苗少、矮黄，主要是基部白色部分受害。初期症状不明显，后渐变为青灰色斑驳，剖视茎基部，内有褐色空隙，髓部变褐色干腐，剪断后不流白浆或很少流白浆。

在大田生长期前期薯蔓生长无明显病状，中后期，在茎蔓近地面以上主蔓基部出现褐色龟裂斑状块，髓部由白色干腐变为褐色干腐，呈糠心状，重病株糠心达秧蔓顶端，叶片由基部向端部逐渐发黄，生长迟缓，甚至植株枯死。

薯块因感染源不同，出现糠心型、裂皮型和混合型三种症状类型。糠心型：为种苗带虫感染，茎蔓中病原线虫向下侵入薯块后形成薯块内部为白色粉末空隙，组织失水干腐，腐烂组织扩展至整个薯块内部，形成糠心（图4-3）。糠皮型：土壤中病原线虫直接用吻针刺破外薯块表皮侵入，由四周向内、由下、向上发生危害；薯块表现为皮层龟裂，皮下组织变褐发软，呈褐、白相间粉末状干腐，整个薯块表皮青灰色至暗紫色（图4-4）。混合型：发病严重时，薯块呈现内部糠心、外部糠皮的混合型症状。线虫侵入后常伴有真菌、细菌等病原菌二次侵染，湿度较大时会引发薯块腐烂。

病原

甘薯茎线虫（*Ditylenchus destructor* Thorne，1943）属动物界线虫门，侧

图4-3　患病薯块白色空隙症状　　　　图4-4　患病薯块田间裂皮症状

尾腺纲，双胃亚纲，垫刃目，粒科，茎线虫属。1930年该线虫在美国新泽西州贮藏甘薯薯块上被发现，定名为起绒草茎线虫（*Ditylenchus dipsaci*），随后Thome订正并建立新种命名为腐烂茎线虫（*Ditylenchus destructor*）。

我国曾将起绒草茎线虫作为甘薯茎线虫病的病原，直至20世纪80年代，经过大量研究最终确定我国甘薯茎线虫病的病原为腐烂茎线虫，由于该线虫最早发现于马铃薯上，可导致马铃薯腐烂，也称马铃薯腐烂茎线虫、马铃薯茎线虫等。整个发育过程可分为卵、幼虫和成虫3个阶段。

（1）**卵**　长椭圆形，淡褐色，长约为体宽1.5倍。

（2）**成虫**　雌雄同形，均呈线形，细长蠕虫状，两端略尖，乳白色半透明，尾端呈狭小圆锥形。雄虫大小为（0.90～1.60）mm×（0.03～0.04）mm。雌虫较雄虫略粗大，大小为（0.90～1.86）mm×（0.04～0.06）mm。

①雌虫。热杀死后虫体稍向腹面弯曲，有细微的角质层环纹，宽约1μm。唇架中度骨质化，唇区低平，略缢缩，有4个唇环，唇正面有6个唇片，侧器孔位于侧唇片（图4-5）。口针短小，大小为10～14μm，口针基部球小而明显。中食道球纺锤形，有小瓣膜，食道狭部窄，围有神经环，食道腺延伸，覆盖于肠的背面达体宽1/2，个别覆盖于肠侧面和腹面。排泄孔位于食道与肠连接处或稍前，半月体在排泄孔前。侧区具有6条侧线，外侧具网格纹，在虫体两端减为2条（图4-5）。阴门横裂，位于虫体后部，成熟雌虫的阴唇略隆起，阴门裂与体轴线垂直，阴门宽度占4个体环。卵巢发达，前伸，达食道腺基部，前端卵原细胞双列，后阴子宫囊大，延伸至阴肛距2/3～3/4处，尾呈锥状，稍向腹面弯曲，末端窄圆。直肠和肛门明显，尾长约为肛门部体宽的3～5倍。

②雄虫。虫体前部形态特征与雌虫相同，热杀死虫体直或向腹部弯曲。

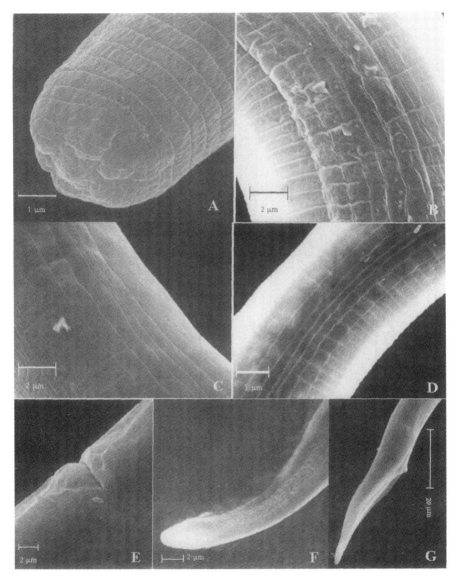

图4-5　甘薯腐烂茎线虫扫描电镜照片

A.雌虫唇区　B～D.雌虫侧面　E.雌虫阴门　F.雌虫尾部　G.雄虫尾部

（引自张绍升，2006）

单精巢前伸，前端可达食道腺基部。泄殖腔隆起，交合伞起始于交合刺前端水平处，向后延伸达尾长的3/4。交合刺成对，朝腹向弯曲，前端膨大具指状突。引带短，简单。

发病规律

甘薯茎线虫在2℃时即开始活动，在7℃以上能产卵和孵化生长，发育适温为20～27℃，在20～24℃下从产卵到孵化为成虫需20～26d，27～28℃整个生活史仅需18d，6～8℃需68d。条件适宜时，每条雌虫产卵1～3粒，一生共产卵100～200粒。

甘薯茎线虫耐低温而不耐高温，在-2℃低温环境下，经过一个月仍能全部存活，所以在田间土壤和病薯病茎里面越冬的茎线虫很少死亡，甚至至-28℃的土壤中仍可存活；但是在35℃以上即停止活动，薯苗中茎线虫在48～49℃温水中处理10min，死亡率达98%。

甘薯茎线虫耐干燥怕水淹，在含水量为12.7%的薯干中贮藏1年，死亡率仅为24%，在田间土壤中可存活5～7年；在15℃水温条件下，病地淹水10d、20d、30d防病效果分别为45%、64%和95%，淹水40d或栽种一季水稻，防病效果均达100%。一般湿润、疏松、通气、排水的沙质土、瘠薄白干土有利该线虫的存活。线虫一般集中于距地面10cm耕作层中的干湿交界处，发病重；在黏土地、有机质多的地块、极端潮湿和极端干燥的土壤中，线虫数量则相对较少，发病轻。

甘薯茎线虫主要以卵、幼虫和成虫随收获的薯块在窖内或贮藏库中越冬，也能以幼虫和成虫在土壤及粪肥中的病残体、杂草和真菌上存活越冬，成为翌年初侵染来源。病薯、病苗以及黏附在薯块上的泥土是远距离传播的主要来源，病区土壤、粪肥、流水、农机具及耕畜也可能成为传播媒介。用染病种薯育苗，甘薯茎线虫可从薯苗茎部附着点侵入，沿髓或皮层向上活动。染病薯苗栽入大田，初期茎线虫在蔓内寄生，蔓髓部变褐色空隙，形成新薯块后，茎线虫向薯内转移。土壤、粪肥中的病原茎线虫可从薯苗末端根部的伤口侵入或从新薯块表皮通过口针直接侵入，线虫侵入甘薯后，会在薯块内部移动、穿刺、取食和大量繁殖，薯块呈现褐白相间的糠腐状并失去食用价值。收获前一个月是茎线虫危害猖獗期。

防治方法

甘薯茎线虫病作为我国北方薯区的重要病害，需要严格执行检疫，采用抗病品种、农业措施和化学防治等多种手段进行综合防控，可有效地减轻甘薯茎线虫的危害。目前在生产上对甘薯茎线虫病的防治仍以化学防治为主，然而，经济、有效、绿色、安全的防治方法还是应用抗茎线虫病甘薯品种。

（1）**加强检疫** 甘薯茎线虫作为国际公认的检疫性线虫，也是我国植物线虫检疫对象。种薯种苗跨区调运，切实做好薯种苗的检疫工作，从病区调出的甘薯必须经过检疫，防止携带线虫的薯块进入无病区。在甘薯的采苗、生长、收获和贮藏进行现场诊断和调查，对病薯、病苗、病蔓及时进行处理。

（2）**农业防治**　因地制宜地选用种植济薯26、济薯10号、漯薯10号、福薯13、青农2号、胜利百号和美国红等抗病品种。剔出各种病、伤、冻薯块，精选健薯作种薯，育苗前用52～54℃的温水浸薯种10 min。建立无病留种地，培育无病壮苗，选择生茬地或未发生过甘薯茎线虫病的地块或轮作3年以上的地块作留种地，并用无病种薯及无污染的腐熟有机粪肥培育无病壮苗。及时清除田间杂草，在收获时将病烂薯及病秧、病蔓集中烧毁或深埋。与水稻轮作效果好，也可与玉米、小麦、高粱、谷子轮作，但年限要长些，才能取得良好的效果。重病地应实行4～5年轮作。

（3）**化学防治**　重病区采用药剂防治甘薯茎线虫病，每亩可用10%灭线磷颗粒剂1 000～1 500g、10%噻唑磷颗粒剂1 500～2 000g穴施，可用40%甲基异柳磷乳油250～500mL于移栽前对水灌穴或制成毒土穴施；秧苗移栽前可用50%辛硫磷乳油100倍液浸泡10min，或50%的三唑磷微囊悬浮剂5倍液浸泡5min，再移栽到大田；或每亩用5%灭线磷颗粒剂1 500～3 000g，于移栽时穴施；或在生产中推荐使用10%噻唑磷颗粒剂（30.0kg/hm²）、20%三唑磷微胶囊剂（30.0kg/hm²）、30%辛硫磷微胶囊剂（22.5kg/hm²）进行甘薯茎线虫防治。

4.2　甘薯根结线虫病

分布与危害

甘薯根结线虫病（Root-Knot nematode），又称甘薯地瘟病，是根结线虫寄生引起的严重的甘薯线虫病害之一。该病广泛分布于全世界，在我国从辽宁至广东和海南均有发生，其中以辽宁省沈阳市、辽南地区，吉林省通化市，山东省青岛市、淄博市、威海市、烟台市，浙江省丽水市，福建省福州市、南平市，以及广东省湛江市等地危害最重。近年来，我国甘薯根结线虫病害发生呈上升趋势，发病地块，一般减产20%～40%，重者减产80%以上，甚至全田无收。根结线虫寄主相当广泛，可寄生单子叶植物、双子叶植物等3 000余种植物，经济危害极大，是粮食作物、蔬菜、果树和观赏植物的重要病原生物。

症状

甘薯根结线虫病危害的症状与甘薯茎线虫病不同，主要区别在于发病的薯块不形成糠心，总的特点是地下部根系发生严重变形，地上部生长停滞（图4-6）。

根结线虫病引起甘薯地下部发病，往往导致支根粗肿，须根丛生，细根上长有虫瘿（图4-7），薯块表面斑点或粗糙畸形（图4-8）。根据根部症状可以分为四种类型。

线根型：多先从根的尖端形成米粒大小的根结，有时一条细根上有许多串生根结。随着发育，根结增大或几个根结连接成米粒大小不等的大型根结，使根系发育受到抑制。受害严重的根系，变成长短不

图4-6 甘薯根结线虫病植株症状

图4-7 发病薯块细根长有虫瘿和根结

图4-8 发病薯块表面斑点症状与龙葵根结

齐，歪歪扭扭像一串串糖葫芦似的怪形状，又称"线梗子"。棒根型：受害重的薯块不膨大，根系粗肿，呈粗细不等的棒状肉质根，又称"牛蒡根"。龟裂型：发病植株结薯少而小，薯块表面粗糙不整齐、畸形，有时形成不规则的褐色刻裂，深度可达2cm左右。疱疹型：象耳豆根结线虫危害多表现为薯块表面有许多米粒状凸泡，呈深褐色圆晕，剖视凸泡，内有乳白色粒状物，为病原雌线虫（图4-9，图4-10）。

地上部因根部受害，生长停滞，发育不良，节间缩短，叶片发黄，植株直立状，有地黄病、不倒旗之称（图4-11）。在天气干旱缺水的条件下，沙地种植的甘薯症状出现得快而明显。遇到多雨时，老蔓又长出许多不定根，辅助根系吸收水分和养分，地上蔓则又开始生长，所以发病较轻，或降水较多，地上部症状多不明显。但随着线虫危害加重，叶片由下而上发黄脱落，茎基部

<table>
<tr><td>图4-9　发病薯块表面粗糙不整齐</td><td>图4-10　薯块表面凸泡内有粒状病原雌线虫</td></tr>
</table>

粗糙而开裂，受害根系容易腐烂，生长又进入停滞状态或植株枯萎。在南方薯区，判断发病甘薯田块是否由根结线虫导致，可将杂草龙葵作为指示植物，若龙葵根部长有大量根结（图4-12），则可确定是由根结线虫引起。

图4-11　发病植株生长矮小、茎蔓直立　　　　图4-12　病田杂草龙葵的根结

病原

根结线虫（*Meloidogyne* spp.）又称根瘤线虫，属于线虫门，侧尾腺口纲，垫刃目，异皮科，根结线虫属。世界不同地区已报道的根结线虫多达80多种，其中侵染甘薯可造成严重经济损失的根结线虫主要是南方根结线虫（*M. incognito*）、爪哇根结线虫（*M. javanica*）、花生根结线虫（*M. arenaria*）、北方根结线虫（*M. hapla*）和象耳豆根结线虫（*M. enterolobii*）等5种，此外克拉塞安根结线虫（*M. cruciani*）、科纳根结线虫（*M. Konaensis*）和巨大根结线虫

（*M. megadora*）也可侵染甘薯，但危害不严重。世界各地不同甘薯产区甘薯根结线虫病的病原种类有所不同，目前我国先后报道的病原线虫有南方根结线虫、花生根结线虫、北方根结线虫和象耳豆根结线虫。

在甘薯上最常见的危害最重的根结线虫是南方根结线虫，该线虫寄主广泛，分布于全世界，以孤雌生殖的方式进行繁殖，但在胁迫条件下（如寄主植物营养不良）可以产生雄性线虫。花生根结线虫可导致甘薯薯块坏死，但在大多数甘薯品种上无法产卵，不能完成其生活史。北方根结线虫喜冷凉，主要分布在温带地区和一些热带的高海拔地区，是我国辽宁省和吉林省危害甘薯的优势种群，该线虫危害甘薯并能够在甘薯上繁殖，在土壤温度高的地方不能很好地存活。2013年在广东省湛江市发现了由象耳豆根结线虫引起的甘薯根结线虫病，该病害在广东省发生越来越严重。此外还有爪哇根结线虫，虽然我国没有报道该线虫危害甘薯，但该线虫也是世界上甘薯的主要病原线虫，具有广泛的寄主范围。总之，甘薯根结线虫病的病原线虫种类是不一样的，南方根结线虫、花生根结线虫和爪哇根结线虫等在世界范围内均有分布，主要分布在热带和亚热带地区。

根结线虫的完整生活史包括卵、幼虫和成虫三个阶段。其雌虫和雄虫的形态明显不同。雌虫成熟后膨大呈梨形，双卵巢，阴门和肛门在体后部，将卵全部排出体外的胶质卵囊中。雄虫细长，尾短，无交合伞，交合刺粗壮。会阴花纹和二龄幼虫形态是鉴定种的重要依据（图4-13）。南方根结线虫雌虫会阴花纹特征是背弓纹高而平，似方形，侧区侧线清楚、光滑到波状，线纹细到粗，有时呈Z形，花纹端部常有纹涡。北方根结线虫雌虫的会阴花纹背弓纹低、圆，线纹细、平滑而连续，中心区无纹，肛后区有刻点，侧线常不明显，有时在尾端一侧或两侧沿侧线位置向外形成"翼"。爪哇根结线虫雌虫会阴花

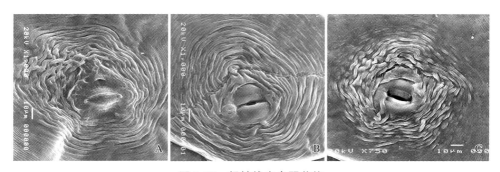

图4-13　根结线虫会阴花纹

A.南方根结线虫　B.爪哇根结线虫　C.花生根结线虫

（引周峡等，2013）

纹背弓中等高度，圆形，侧线清楚，双侧线从肛门上方向两侧斜下延伸，呈明显的"八"字形，将背区与腹区分开。花生根结线虫雌虫会阴花纹全貌呈不平滑近圆形，背弓纹低，侧线不明显或可见，背纹、腹纹在侧线处相接成角，在近侧线处往往有不规则排列的短线纹。象耳豆根结线虫雌虫会阴花纹通常呈卵圆形，线纹平滑到粗糙，背弓高度中等，通常呈圆形，无明显线侧线，阴门周围通常无线纹。采用会阴花纹、二龄幼虫等形态学鉴定方法存在一定局限性，而且不能完全或真实地反映遗传本质，因此，目前在根结线虫鉴定中，通常采用形态学鉴定与分子生物学相结合手段进行综合鉴定。

南方根结线虫的形态特征（图4-14）如下：

①雌虫。虫体膨大成鸭梨状，白色，颈短体圆，存在根结中，体长500～723μm，体宽331～520μm，口针长10～16μm。头部具有2个环纹，偶尔3个。口针的锥部向背面弯曲，口针基部球扁圆形。排泄孔位于口针基部球处或略后，距头端10～20个环纹。会阴花纹背弓较高，圆形，两侧近乎直角，其条纹平滑或波纹状，没有明显的侧线。阴门在体末端。新生的雌虫发育至成熟产卵需8～10d。

②雄虫。虫体蠕虫状，白色，头部不溢缩。头区具有高、宽的头帽，头区有1条或3条不连续的环纹。唇盘大且圆，中部凹陷，整个唇盘凸出在中唇上方。口针顶端较钝，杆部圆柱形，口针基部球圆形到扁圆形。背食道腺开口距口针基部球距离较短。排泄孔位于狭部后的位置，半月体通常位于排泄孔前0～5个环纹处，侧区4条侧线，外侧带具网纹。尾部钝圆，末端无环纹。交合刺略弯曲，引带新月形。

③二龄幼虫。幼虫分4个龄期。卵内物质经过胚胎发育形成线形的一龄幼虫，蜷曲成"8"字形在卵内第一次蜕皮后变成二龄幼虫。二龄幼虫的虫体纤细，蠕虫形；头部不缢缩，略隆起，侧面观平截锥形，背腹面观亚球形，侧唇片与头区轮廓相接，头区有2～4条不连续条纹，口针细，有小的口针基部球。半月体3个环纹长，位于排泄孔前。侧区4条侧线，外侧带具网纹。尾呈锥状，近尾端常有1～2次缢缩，尾末端有一段清晰的透明区。直肠膨大。尾渐变细，末端稍尖。

甘薯象耳豆根结线虫的形态特征如下：

①雌虫。虫体梨形，头冠高，头区无环纹。口针纤细，口针锥部稍向背面弯曲。口针基部球明显，卵圆形，同杆部界限明显，每个球均有一条纵沟纹，看起来如同有两个球（图4-15，图4-16）。

②雄虫。头部唇盘和中唇融合形成一个长形的头冠，头部无环纹，略缢缩，雄虫唇盘稍高于中唇，中唇月牙形。口针粗壮，锥体尖，不弯曲。口针基

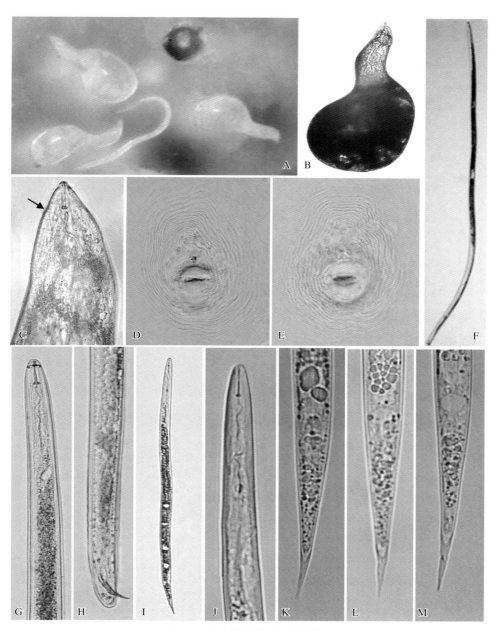

图4-14 南方根结线虫形态特征

A.显微镜下的雌虫和雄虫　B.雌虫整体　C.雌虫头部　D～E.会阴花纹　F.雄虫整体
G.雄虫前体部　H.雄虫尾部　I.二龄幼虫整体　J.二龄幼虫前体部；K～M.二龄幼虫尾部
（引自肖雅敏，2014）

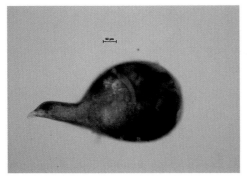

图4-15　象耳豆根结线虫雌虫

（罗梅提供）

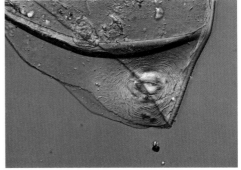

图4-16　象耳豆根结线虫会阴花纹

（罗梅提供）

部球大，圆形，与杆部分界明显，边缘向后倾斜（图4-17）。

③二龄幼虫。全长405.0～472.9μm，平均长为436.6μm。头部唇盘和中唇融合呈哑铃状。唇盘圆形，比中唇稍高。侧唇大呈三角形，低于唇盘和中唇。头部无环纹，略缢缩，口针纤细。口针基部球小而圆，与杆部分界明显，边缘向后倾斜，尾部至尾端渐变细，末端钝圆，透明区明显。

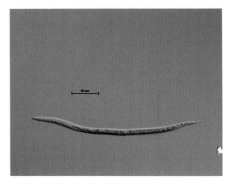

图4-17　象耳豆根结线虫雄虫

（罗梅提供）

发病规律

甘薯根结线虫病是典型的土传病害，以卵和二龄幼虫在土壤、病残体、薯块及野生寄主的宿根上越冬。雌线虫可以在薯块尾部和皮层内越冬。带线虫的病土、流水、病残体、病薯块和田间寄主植物是主要侵染源。带线虫的种薯、种苗是远距离传播的主要媒介。田间传播是借助农机具、人、畜作业携带，以及随病土、病肥和流水进行传播。

平均地温达12℃以上时，线虫卵开始孵化，发育为一龄幼虫，一龄幼虫蜕皮发育成二龄幼虫（即侵染期幼虫）后，进入土内活动，寻至近根尖处侵染甘薯根部。线虫在甘薯育苗和秧苗期进行侵染，二龄幼虫侵入秧苗根内，随秧苗传播。二龄幼虫在根尖处侵入寄主，头部在维管束的筛管附近寻找适宜细胞固着定殖，在一个位点固定取食，并不移动，受害部位增粗，二龄幼虫蜕皮形成三龄幼虫，然后发育为四龄幼虫，经最后一次蜕皮成熟为梨形雌成虫，阴门露出根结向外排出胶黏液，产卵于其中，遇空气后凝结形成卵囊团，随根结散入土中或黏附在操作工具上进行传播。在第四次蜕皮后，雄虫钻出根结，交配以后不久即死去，1条雌虫产卵300～600粒不等，在条件适宜时可多达2 000粒卵，一个根结内至少有1条雌虫，多者5个。卵的孵化和幼虫的发育与温度有关，温度高、发育快，在一年内完成世代数多。最适宜发育的温度为23～28℃，一年可完成3～4代。

甘薯根结线虫病的发生与土壤内线虫含量、土壤温湿度、土壤质地、耕作制度、品种抗性等因素有很大关系。根结线虫在土壤内垂直分布深度可达80cm，但其中80%以上的幼虫分布在0～40cm的土层内，又以0～30cm的耕层内最多。沙土及沙壤土，土质疏松，通气性好，有利于根结线虫的发育生长，发病重。壤土、黏壤土，土质紧密，透水通气性差，不适于甘薯根结线虫的发育，发病很轻。地势低洼，容易积水的涝洼地也很少发病。

防治方法

根结线虫寄主范围广，引起甘薯根结线虫病的线虫种类也较多，目前防治该线虫的办法不是很多，需要针对不同甘薯产区，调查线虫种类和优势种群，有针对性地进行防控。此外，尤其需要关注甘薯象耳豆根结线虫，因为该线虫可克服作物抗南方根结线虫的 *Mi-1* 和 *N* 抗性基因，导致原来的一些抗病品种丧失抗性。

（1）**加强检疫** 做好病情普查，准确划出疫区范围；不能将疫区内的种薯种苗调往非疫区，要严格进行检疫，防止根结线虫病随带病种薯、种苗、根土以及其他寄主病残物的调运而传播，保护好无病区。

（2）**农业防治** 针对性推广种植抗病品种，如福建省抗病品种广薯15、青农8号等，四川省抗病品种南薯88，广东省抗病品种广薯87等。建立无病留种地，培育无病壮苗，做好田间卫生，选择无病地和轮作3年以上的地块作留种地，并用无病种薯及净粪培育无病壮苗。及时清除田间杂草，在收获期将病残体深埋或烧毁。实行轮作，与棉花、西瓜等作物轮作，或与玉米、高粱、小麦等禾本科作物轮作，轮作1年，产量可提高30%左右，进行3年轮作效果更佳。

（3）**化学防治** 化学药剂防治是防治根结线虫病的重要措施，在甘薯育秧前，将种薯用1 500倍液阿维菌素浸泡2～3min，消灭种薯上的残留线虫，或在插栽薯种后用1 500倍液阿维菌素喷洒苗床。栽秧时，用1 500倍液阿维菌素+500倍液50%多菌灵可湿性粉剂药液浇穴，每穴100mL，浇水后覆土盖严。此外，利用1,3-二氯丙烯胶囊和威百亩（甲基二硫代氨基甲酸钠）等熏蒸剂进行土壤熏蒸，或采用阿维·噻唑膦、辛硫磷和三唑磷蘸苗和穴施可有效降低根结线虫的种群密度，起到较好的防治效果。

4.3 甘薯肾形线虫病

分布与危害

甘薯肾形线虫病（Reniform nematode）是由肾形线虫属（*Rotylenchulus* spp.）引起的一种重要的线虫病害。该属线虫广泛分布于热带、亚热带及一些温暖潮湿温带的地区，世界上已报道的国家包括美国、我国、印度、日本、澳大利亚、斐济、菲律宾以及非洲一些国家等，是美国路易斯安那州和密西西比州最重要的线虫病害。2005年在我国福建福州、福清和龙岩等地首先发现该病害。该线虫侵染甘薯后可导致薯块裂皮（图4-18），引发病原细菌或真菌等其他病原物二次侵染（图4-19），使甘薯的产量和质量受到明显影响。目前，肾状线虫已在我国广东、上海、湖北、海南、四川、广西、福建、山东等15个省份发现。虽然国内对该甘薯线虫病的研究较少，但不可否认该属线虫是现在乃至将来甘薯生产的严重威胁之一。

图4-18　肾形线虫引起的薯块开裂症状　　图4-19　肾形线虫引起的病原菌二次侵染症状

症状

田间发病的甘薯，地上部植株褪绿黄化、生长缓慢、分枝稀少、坏死，有时萎蔫（图4-20），茎蔓和叶柄呈紫红色。病株根系萎缩、坏死，营养根少、黄褐色。患病植株地上部和地下部鲜重减少。结薯推迟、薯块少且小，薯块表面粗糙、开裂，使甘薯的产量和质量受到明显的影响（图4-21）。肾形线虫早期侵染甘薯根部易引起甘薯薯块开裂，在开裂的薯块上未发现雌虫，但是在小

图4-20 肾形肾状线虫引起甘薯褪绿、黄
化、生长减缓
（引自Clark et al.，2013）

图4-21 肾形肾状线虫引起的薯块开裂
（引自Clark et al.，2013）

的纤维根上有大量的卵囊。雌虫头部潜入根皮层，卵产于胶质卵囊中。卵囊将
虫体覆盖呈半球形，表面黏附土壤，挑开卵囊可看见膨大为肾形的成熟雌虫。

病原

病原为肾形线虫属线虫，包括10个种，属于非迁移性根内寄生线虫，有
2个种侵染甘薯，分别为肾形肾状线虫和北方贝肾状线虫。其中，分布和危害
最广的为肾形肾状线虫（*Rotylenchulus reniformis* Linford & Oliverira，1940），
是根部半内寄生性线虫，寄主包括农作物、热带果树、蔬菜和花卉等300多种
植物，广泛分布于世界热带和亚热带地区，在我国主要集中在广东、福建、海
南、广西等地区，是甘薯的主要病原线虫之一。肾形肾状线虫存在孤雌生殖群
体，研究发现，在我国都是两性生殖。

肾形肾状线虫热杀死后呈C形或开放的螺旋形。在形态学观察中发现线虫
有蜕皮现象，且蠕虫形态的肾形肾状线虫后一龄期虫体较前一龄期短小。

成熟雌虫虫体膨大呈肾形，体长0.43 ~ 0.67mm。口针长15 ~ 18μm，朝
腹向弯曲，角质层厚。阴门隆起、位于虫体中后部。背食道腺开口位于口针基
部球后方，食道腺从侧面覆盖肠，颈部不规则膨大。肛门后虫体呈半球形，尾
呈圆锥形，末端尖突，有或无透明端部。双生殖腺，对生旋绕，卵贮存在胶质
囊中（图4-22）。

未成熟雌虫虫体细长呈蠕虫形，体长0.30 ~ 0.66mm，热杀死后呈C形朝
腹向弯曲。侧区有4条侧线，无网格。唇区隆起、圆锥状，头架骨化强，无颈
乳突，无缢缩，有5个唇环。口针发达，长10 ~ 26μm，基部球圆，前缘向后
倾斜。背食道腺开口明显，位于口针基部球后10 ~ 23μm处；中食道球椭圆
形，有明显瓣膜；食道腺与肠侧、腹面重叠。排泄孔位于半月体后的食道狭
基部；侧区无网纹，占体宽1/4，有4条侧线。阴门不隆起，双生殖腺，对生、

未成熟、双回折。尾渐变窄，末端窄圆，有些尾端变异，平截或分叉，尾端透明区长5～7μm（图4-22）。

雄虫蠕虫形，虫体细长，体长0.35～0.53mm，呈C形朝腹面弯曲。口针和唇区骨质化弱，口针长15～16μm。食道和中食道球退化、无明显瓣膜。交合刺细长，朝腹向弯曲，热杀死后有时会突出体外，泄殖腔隆起，引带线性，不突出，交合伞退化、不明显，未完全伸到尾端。尾部末端变窄，呈细圆锥形或长圆锥形，少量线虫尾端明显变细，呈长尖突状，或变宽呈扇尾状（图4-22）。

幼虫蠕虫形，与未成熟雌虫相似，但尾部呈圆锥状，末端更为宽圆，透明尾短。食道后部不对称，食道腺侧腹面重叠。背食道腺开口位于口针基部球后一个口针的长度。

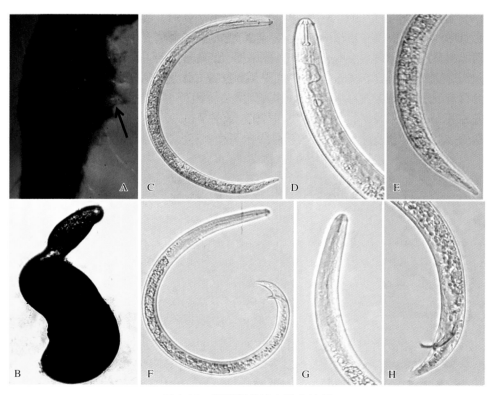

图4-22　肾形肾状线虫形态特征

A.成熟雌虫的头部潜入根皮层　B.成熟雌虫　C.未成熟雌虫整体　D.未成熟雌虫前体部
E.未成熟雌虫后体部　F.雄虫整体　G.雄虫交合刺　H.雄虫交合伞
（引自肖雅敏，2014）

北方贝肾状线虫（*R. borealis* Loof & Oostenbrink，同物异名为*R. variabilis* Dasgupta，Raski & Sher）也可引起甘薯线虫病，但是该线虫主要分布于欧洲的爱沙尼亚、法国、德国、意大利、西班牙和非洲的贝宁、喀麦隆、中非、加纳、肯尼亚、马拉维、尼日利亚、津巴布韦等国家，1988年在我国海南报道危害豇豆和蜜瓜，其他省份未见报道。

发病规律

肾状肾形线虫主要以卵、幼虫、未成熟雌虫和雄虫在土壤中存活，是典型的土传病害。成熟雌虫将卵产于卵囊中，在卵内发育成一龄幼虫，一龄幼虫蜕皮后破卵孵化为二龄幼虫，二龄幼虫在土壤中不取食继续发育，经三次蜕皮后变成未成熟雌虫和雄虫，未成熟雌虫为侵染虫态，其体前部侵入根内取食，取食后虫体后部在根外逐渐膨大成囊状，发育为成熟雌虫。幼虫在蜕皮过程中通常会保留前一龄期的角质层，其中，肾形肾状线虫虫体每次蜕皮后较前一龄期短小。肾形肾状线虫存在孤雌生殖，但主要是两性生殖，能活动的雄虫与变得肥大的成熟雌虫进行交配，交配后7～10d内雌虫将40～100个卵产于胶状物质形成的卵囊中，1～2周卵开始孵化，孵化后1～2周达到侵染阶段，侵染根部后1～2周未成熟雌虫就转变为成熟雌虫。整个生活史一般为18～29d，其生活史的长短与线虫种类、温度以及寄主都有很大关系，在高温下生活史会缩短，但是在没有寄主或土壤干燥的情况下，整个生活史可以在3周内或长达2年完成，这可能是肾形肾状线虫能够随土壤广泛传播的重要原因。

甘薯肾形肾状线虫可通过土壤、水、风、农机具和种薯种苗进行传播，一旦遇到寄主和合适的环境线虫会迅速扩展。甘薯发病程度与线虫的种群密度相关，密度低的话，危害较轻。在距离地面深1m的土壤中也能发现大量的线虫，因此该线虫的防治较为困难。甘薯肾形肾状线虫和甘薯根结线虫（*Meloidogyne incognita* var. *acrita* Chitwood）若在同一块田发生，那么肾形肾状线虫是优势种群。此外，肾形肾状线虫还可与茄病镰孢和尖孢镰刀菌镰饱一起对甘薯产生复合侵染。

防治方法

根据肾形肾状线虫分布范围广、寄主多、生活史较短、易于繁殖等特点，在有寄主和适宜气候的条件下，将会很快发生侵染、繁殖，线虫数量剧增，扩展迅速，造成严重的经济损失。近年，在广东、海南等省份甘薯产区疑似肾形肾状线虫危害逐年增加。目前没有发现抗肾形肾状线虫的甘薯品种，甘薯不同品种间存在一定差异。因此，对于该病的防治应以加强检疫，选择种植不开裂和产量损失不大的品种为主，结合农业防治和化学防治为辅的综合治理措施，控制该线虫病流行及传播。

（1）**加强检疫**　在我国虽有甘薯肾形线虫病的发生，但仅限于局部地区，因此，要加强对外检疫以防止外来肾形肾状线虫随病植物体传入我国，我国要做好病情普查，准确划出疫区范围；疫区内的种薯、种苗不应调往非疫区，严格进行检疫，禁止带病种薯种苗、根土以及其他寄主病残物随调运传播，保护好无病区。

（2）**农业防治**　建立无病留种地，培育无病壮苗，高剪苗，选择无病地和轮作3年以上的地块作留种地，并用无病种薯及净粪培育无病壮苗。及时清除田间杂草，在收获期将病残体深埋或烧毁。与抗病寄主玉米、水稻、花生、大豆、高粱、辣椒、甜椒、芥菜及甘蔗等作物轮作，种植这些作物2次以上能有效减少线虫数量。种植甘薯前，对土壤暴晒60d，具有较好预防效果。此外，通过多施有机肥、利用大蒜素及烟叶都能使肾形肾状线虫种群降低。提早收获可以从一定程度上减轻薯块开裂，种植前要对田块进行采样，检测种群种类和数量，提前做好防治措施。选择种植不易开裂的甘薯品种，如广薯87等。

（3）**化学防治**　应用杀线虫剂可以降低线虫的种群数量，可以显著减少对甘薯根部的危害，预防薯块开裂，增加薯块产量，在种植前用棉隆、1,3-二氯丙烯胶囊和威百亩（甲基二硫代氨基甲酸钠）等熏蒸剂进行土壤熏蒸，能够显著提高产量。其他防治方法参考根结线虫病。

4.4　甘薯根腐线虫病

分布与危害

甘薯根腐线虫病又称根斑线虫病（Root lesion nematode），是由短体线虫属（*Pratylenchus* spp.）线虫引起的甘薯根部线虫病害。甘薯短体线虫寄主范围广，对农作物危害大，被认为是仅次于根结线虫（*Meloidogyne* spp.）和孢囊线虫（*Heterodera* spp.）的第三大植物病原线虫。甘薯短体线虫在美国、我国、日本、秘鲁、尼日利亚和肯尼亚等国家甘薯产区都有发生。在我国河北、山东、安徽、福建等省份已发现并报道了短体线虫对甘薯的危害。目前，短体线虫广泛分布于全国各地，对甘薯的危害还没被大家足够重视。然而，尽管这种线虫是普遍存在的，但很少有严重损失的报道。

症状

短体线虫是迁移性专性内寄生线虫。短体线虫的取食和迁移，直接导致甘薯根产生小的坏死病斑。在薯块上形成小的、棕色至黑色的坏死病斑，严重影响薯块外观，使甘薯商品性差，造成较大的经济损失（图4-23）。受侵染严重的植株，发育不良、叶片数量减少，产量下降。坏死病斑易被病原真菌和细菌侵入，致使根部腐烂以及维管束坏死等。短体线虫引发的病原细菌或真菌等其他病原物带来的损害，甚至比线虫本身导致的危害更加严重（图4-24）。

图4-23　咖啡短体线虫在薯块上的典型症状　　　图4-24　咖啡短体线虫引起病原菌二次侵染
　　　　（引自 Clark et al.，2013）　　　　　　　　　　　使薯块表面变色
　　　　　　　　　　　　　　　　　　　　　　　　　　　（引自 Clark et al.，2013）

病原

病原为短体线虫属（*Pratylenchus* spp.）线虫，又称根腐线虫，属于垫刃目垫刃亚目垫刃总科短体科短体亚科短体属于。短体属于1934年建立，全球已发现报道短体线虫102种。短体线虫是世界上分布最为广泛的一类迁徙性内寄生的植物线虫。在甘薯上发现的短体线虫有最短尾短体线虫（*P. brachyurus*）、咖啡短体线虫（*P. coffeae*）、河谷短体线虫（*P. convallariae*）、弗莱克短体线虫（*P. flakkensis*）、古氏短体线虫（*P. goodeyi*）、卢斯短体线虫（*P. loosi*）、地中海短体线虫（*P. mediterraneus*）、落选短体线虫（*P. neglectus*）、穿刺短体线虫（*P. penetrans*）、斯克里布纳短体线虫（*P. scribneri*）、苏丹短体线虫（*P. sudanensis*）、索氏短体线虫（*P. thornei*）、伤残短体线虫（*P. vulnus*）和玉米短体线虫（*P. zeae*）等14个种，其中，对甘薯危害较大是最短尾短体线虫和咖啡短体线虫。目前，发生在美国的甘薯根腐线虫病是由最短尾短体线虫引起的，不会引起甘薯发生严重的产量损失。在日本咖啡短体线虫为优势种群，存在不同的生理小种，在一些甘薯产区引起高达30%的产量损失。

在我国浙江、河北、山东、安徽、福建等省份报道甘薯上有咖啡短体线虫（*P. coffeae*）、穿刺短体线虫（*P. penetrans*）、伤残短体线虫（*P. vulnus*）、玉米短体线虫（*P. zeae*）、河谷短体线虫（*P. convallariae*）、最短尾短体线虫（*P. brachyurus*）、古氏短体线虫（*P. goodeyi*）、卢斯短体线虫（*P. loosi*）、地中海短体线虫（*P. mediterraneus*）、索氏短体线虫（*P. thornei*）和落选短体线虫（*P. neglectus*）等，不同地区甘薯产区短体线虫的种类、优势种群都不尽相同，有待进一步研究。咖啡短体线虫是危害日本甘薯的优势种群，也广泛分布于我国一些省份，对我国甘薯生产也是一个巨大的潜在威胁。

咖啡短体线虫雌虫蠕虫状，体粗短，热杀死后虫体僵直或呈C形，很少螺旋形。角质层较厚，体表皮纹明显，侧区具4条侧线，极少数线虫具5条或6条。侧区两侧网纹各有2条脊，中央为稀疏或较密的断续纵纹，非网状，侧区内有时具小疣状突起。唇区较低平，稍缢缩，前端平，唇环通常2条。头部骨架化程度高。口针发达粗短，口针基部球圆形。背食道腺开口位于口针基部球后方；中食道球卵圆形，食道腺从腹面和侧面覆盖肠的前端。排泄孔接近食道与肠交叠水平位置，前生单卵巢，卵母细胞单侧前伸；受精囊明显，长卵圆形，其内充满精子。阴门位于体后端；后阴子宫囊退化，阴道较直。雌虫尾圆柱形，短粗，末端无纹。侧尾腺孔较小，位于尾中前部（图4-25）。

雄虫前部略窄，口针基部球退化，其他特征与雌虫相似。交合刺纤细，成对，腹面的近端部具有小孔。交合伞包到尾尖，基端膨大部和向腹面略弯的主干明显（图4-25）。

发病规律

短体线虫的繁殖与温度相关。当温度为25～30℃时咖啡短体线虫完成生活史需要30～40d，当温度为20℃时则需要50～60d。

幼体和成虫进入根部后，通过皮层在细胞间和细胞内移动。线虫取食产生黑色坏死细胞。幼虫在根内部发育直至成熟的成虫。雌虫在根内产单个或多个卵。寄主根为正在发育的卵提供了一定程度的保护，使其免受捕食者和寄生虫的侵害。此外，土壤中的病原细菌和真菌可能会通过线虫取食点入侵寄主，共同对甘薯造成复合侵染，引起更严重的危害，同时短体线虫也离开原来的取食点寻找新的取食点。

防治方法

短体线虫作为重要的植物病原线虫，分布于世界各地，寄主范围十分广泛，可严重危害甘薯、马铃薯、玉米、小麦、水稻、香蕉、咖啡和柑橘等重要作物。对其的防治工作存在很大难度。

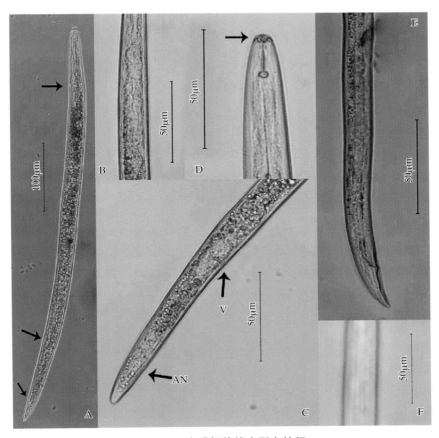

图4-25　咖啡短体线虫形态特征

A.雌虫虫体　B.虫体前端　C.子宫位置　D.头部　E.雄虫尾部形态　F.侧线　V：阴门　AV：肛门

（引自鲍亚超，2018）

可轮作的作物少，但通过同花生轮作能够降低咖啡短体线虫的种群数量。培育和利用抗病品种，目前，日本针对咖啡短体线虫选育到了抗病的甘薯品种，如Akemurasaki、Tokimasari、Benimasari 和 Murasakimasari等。目前，我国对于甘薯线虫病的研究主要集中在甘薯茎线虫上，对于甘薯根腐线虫病研究非常少，目前，对我国甘薯根腐线虫的种类、优势种群及病害的发生规律缺乏系统的研究，近年来，在广东甘薯产区观察到大量甘薯根腐线虫病的薯块，为了甘薯产业的健康发展和防患于未然，对甘薯根腐线虫病的研究尤为重要。

采用化学药剂和其他防治方法可以参考甘薯根结线虫和甘薯肾形线虫病的防治方法。

参考文献

鲍亚超，2018. 淮北地区番薯田间短体等线虫发生量与杂草多样性关系[D]. 合肥：安徽农业大学.

陈萍，1993. 甘薯根围线虫研究初报[J]. 西南农业学报(6): 33-37.

陈志谊，2015. 芽孢杆菌类生物杀菌剂的研发与应用[J]. 中国生物防治学报，31(5): 723-732.

储凤丽，张曦，任波，等，2012. 甘薯地下害虫和茎线虫病防治药剂筛选试验[J]. 江苏农业科学，40(8): 117-118.

杜宇，黄庆林，蒋小龙，等，2008. 肾状线虫属种类鉴定和特征描述[J]. 植物保护，34(2): 24-27.

范文中，孙淑云，孙艳梅，等，1999. 警惕甘薯茎线虫病流行[J]. 吉林农业科学，24(4): 32.

高世汉，王庆美，王建军，1996. 甘薯根结线虫病的发生与综合防治技术[J]. 国外农学-杂粮作物(1): 54-55.

郭石山，毛鸿彬，1985. 药剂防治红薯茎线虫病试验示范[J]. 河南农林科技(9): 12-14.

黄耀师，梁震，李丽，2000. 我国植物线虫研究和防治进展[J]. 农药(2): 11-13.

姜怡，唐蜀昆，张玉琴，等，2007. 放线菌产生的生物活性物质[J]. 微生物学通报(1): 188-190.

李芳，刘波，肖荣凤，等，2005. 淡紫拟青霉NH- PL- 03 菌株对甘薯茎线虫的毒力效应[J]. 中国农学通报(3): 255- 258.

李云龙，杨建国，彭德良，等，2013. 蒸汽熏蒸防治甘薯茎线虫病效果初报[J]. 植物保护(2): 192-195.

林茂松，文玲，方中达，1999. 腐烂茎线虫与甘薯茎线虫病[J]. 江苏农业学报，15(3):186-190.

林敏，郑良，杨秀娟，等，1994. 抗根结线虫甘薯品种的初步筛选[J]. 福建农业科技(4):4-5.

刘斌，2006. 中国腐烂茎线虫(*Ditylenchus destructor*)不同地理群体形态学及特异性检测的研究[D]. 杭州：浙江大学.

刘金弟，1980. 植物根结线虫病的症状和危害[J]. 福建农业科技(2): 33, 43.

刘金辉，2011. 杀甘薯茎线虫的苏云金芽孢杆菌筛选及特性研究[D]. 武汉：华中农业大学.

刘顺通，段爱菊，张自启，等，2011. 不同药剂防治甘薯茎线虫的田间效果[J]. 河南农业科学，40(3): 102-104.

刘维志，1972. 甘薯根结线虫病[J]. 新农业(18): 24-25.

苗华民，1982. 药剂处理土壤防治地瓜茎线虫病[J]. 农药(3): 46-47.

漆永红，杜蕙，曹素芳，等，2011. 不同药剂对甘薯茎线虫病病原马铃薯腐烂茎线虫的影响[J]. 江苏农业科学(1): 150-152.

漆永红，2008. 甘薯茎线虫病的侵染特点及其相关因子研究[D]. 兰州：甘肃农业大学.

秦素研，刘志坚，张勇跃，等，2014. 甘薯茎线虫病的药剂防治研究[J]. 宁夏农林科技(1): 56-57.

阮继生，刘志恒，梁丽糯，等，1990. 放线菌研究及应用[M]. 北京：科学出版社.

山东农业科学编辑部，1973. 敌百虫防治地瓜茎线虫病[J]. 山东农业科学(3): 39.

商丽丽，韩俊杰，邱鹏飞，等，2015. 甘薯茎线虫病防控研究[J]. 安徽农业科学，43(18): 137-138.

史明武，华小平，钱省，等，2007.甘薯茎线虫病药剂防治筛选试验[J].现代农业科技(13): 68, 70.

孙从法，刘宝传，孙运达，等，2003.甘薯茎线虫病防治技术研究[J].植物保护(1): 46-48.

孙厚俊，赵永强，徐振，等，2017.甘薯茎线虫病田间防治药剂的筛选[J].湖北农业科学(11): 2068-2069, 2108.

王海玉，高洪国，1983.药剂防治甘薯茎线虫初步研究[J].山东农业科学(1): 25-27.

王凌云，王萌，解晓红，等，2018.甘薯茎线虫病研究进展[J].山西农业科学，46(7): 1211-1215.

王容燕，陈书龙，李秀花，等，2012.5%硫线磷颗粒剂对甘薯茎线虫病和蛴螬的防治效果[J].河北农业科学(3): 44-47.

王容燕，高波，马娟，等，2018.不同杀线剂对甘薯茎线虫病的防治效果[J].山西农业大学学报（自然科学版)(1): 45-47.

王晓黎，王平，黄钢，等，2016.紫色甘薯茎线虫病防治药剂筛选试验[J].中国农学通报(14): 101-105.

吴金美，2008.30%辛硫磷微囊防治甘薯茎线虫病药剂试验[J].河北农业科技(14): 51.

吴影梅，1988.海南经济作物线虫研究简报[J].热带作物学报(9): 89-96.

武志朴，2005.链霉菌Men-myco-93-63防治甘薯茎线虫病初步研究[D].保定：河北农业大学.

肖雅敏，2014.福建省香蕉病原线虫种类调查与鉴定[D].福州：福建农林大学.

谢一芝，尹晴红，戴起伟，等，2004.甘薯抗线虫病的遗传育种研究[J].植物遗传资源学报(4): 393-396.

谢逸萍，马代夫，李秀英，等，2008.5种药剂对甘薯茎线虫病的防治效果试验[J].江西农业学报，20(2): 66-67.

徐芦，高文川，杨武娟，等，2017.5种不同药剂对甘薯茎线虫防治效果的研究[J].安徽农学通报，23(14): 69-70.

烟台地区农科所植保室，1976.二溴乙烷防治地瓜茎线虫病效果好[J].农药工业(2): 47.

闫磊，肖婷，牛洪涛，等，2008.不同植物提取物对马铃薯茎线虫的活性筛选[J].山东农业大学学报（自然科学版)(2): 223-228.

杨爱梅，王家才，孟自力，等，2012.3种防治甘薯茎线虫病药剂的田间防治效果评价[J].江苏农业科学，40(1): 121-123.

张国锋，暴连群，赵彦改，等，2017.不同药剂对甘薯茎线虫防治效果研究[J].现代农业科技(9): 125-126.

张少柏，赵百灵，弭良英，1990.甘薯茎线虫病药剂防治试验与开发[J].山东农业科学(2): 45-46.

张绍升，章淑玲，王宏毅，等，2006.甘薯茎线虫的形态特征[J].植物病理学报，36(1): 22-27.

张绍升，章淑玲，2005.寄生甘薯的肾形线虫种类鉴定[J].植物病理学报，35(6): 560-562.

张绍升，1995.福建省主要作物根结线虫病发生情况调查[J].福建农业大学学报，24(3): 307-309.

张燕，2010.中国肾形肾状线虫不同地理群体形态、分子及生物学特性研究[D].杭州：浙江大学.

章淑玲，张绍升，2003.甘薯干裂腐烂病的病原鉴定[J].福建农林大学学报（自然科学版)，32(3): 312-315.

章淑玲, 2005. 甘薯线虫病害及线虫种类鉴定 [D]. 福州: 福建农林大学.

赵鸿, 彭德良, 朱建兰, 2003. 根结线虫的研究现状 [J]. 植物保护, 29(6): 6-8.

赵荣艳, 王朝阳, 杨蕊, 2009. 不同药剂处理对甘薯茎线虫种群数量动态的影响 [J]. 广东农业科学 (11): 97-99.

赵荣艳, 徐瑞富, 郎剑锋, 等, 2009. 几种药剂对甘薯茎线虫病的防治效果 [J]. 湖北农业科学, 48(12): 3025-3027.

周峡, 林艳婷, 刘国坤, 等, 2013. 福建省香蕉根结线虫病调查与病原鉴定 [J]. 热带作物学报, 34(11): 2251-2255.

周忠, 马代夫, 2003. 甘薯茎线虫病的研究现状和展望 [J]. 杂粮作物, 23 (5): 288-290.

朱玉灵, 2015. 甘薯茎线虫病药剂防治效果研究 [J]. 山西农业科学, 43 (5): 605-607.

Bhatti D S, Dutt R, Verma K K, 1997. Larval emergence from cysts of *Heterodera avenae* and *H. cajani* as affected by plant leaf extracts[J]. Indian Journal of Nematology, 27(1): 63-69.

Birch A N E, Robertson W M, Fellows L E, 1993. Plant products to control plant parasitic nematodes[J]. Pest Management Science, 39(2):141- 145.

Cervantes-Flores J C, Yencho G C, 2002. Efficient evaluation of resistance to three root knot nematode species in selected sweetpotato cultivars[J]. Hort Science, 37: 390-392.

Chitwood D J, 2002. Phytochemical based strategies for nematode control [J]. Annual Review of Phytopathology, 40(1): 221-249.

Clark C A, Ferrin D M, Smith T P, et al., 2013. Compendium of sweetpotato diseases, pests, and disorders[M]. St. Paul: The American Phytopathological Society Press.

Dongro C, Jaekook L, Byeongyong P, et al., 2006. Occurrence of root-knot nematodes in sweet potato fields and resistance screening of sweet potato cultivars[J]. Korean Journal of Applied. Entomology, 45: 211-216.

Dukes P D, Bohac J R, 1994. Resistance in sweetpotato to root knot nematode: Its value and other benefits[J]. Hort Science, 29: 726.

Faulkner L R, Darling H M, 1961. Pathological histology, hosts, and culture of the potato rot nematode [J]. Phytopathology, 51(11):778-786.

Gao B, Wang R Y, Chen S L, et al., 2014. First report of root-knot nematode *Meloidogyne enterolobii* on sweet potato in China[J]. Plant Disease, 98(5): 702.

Gapasin R M, 1979. Survey and identification of plant parasitic nematodes associated with sweet potato and cassava[J]. Annals of Tropical Research, 1:120-134.

Jatala P, Kaltenbach R, Bocangel M, 1979. Biological control of Meloidogyne incognita acrita and Globodera pallida on potatoes[J]. Journal of Nematology, 14(4): 303-310.

Johnson A W, Dowler C C, Glaze N C, 1996. Role of nematodes, nematicides, and crop rotation on the productivity and quality of potato, sweet potato, peanut, and grain sorghum[J]. Jounal of Nematology, 28:389-399.

Lawrence G W, Clark C A, 1986. Identification race detemination, and pathogenicity of root knot nematodes to resistant and susceptible sweet potato[J]. Joutnal of Nematology, 18: 617.

Lopez E A, Gapasin R M, Palomar M K, 1981. Effects of different levels of *Helicotylenchus nematode* infestation on the growth and yield of sweet potato[J]. Annals of Tropical Research, 3: 275-280.

Mackeen M M, Ali A M, Abdullah M A, et al., 1997. Antinematodal activity of some Malaysian plant extracts against the pine wood nematode, *Bursaphelenchus xylophilus*[J]. Pesticide Science, 51(2):165-170.

McSorley R, 1981. Nematodes associated with sweetpotato and edible aroids in Southern Florida[J]. Proceedings of the Florida Horticultural Society, 93: 283-285.

Mendoza A R, Kiewnick S, Sikora R A, 2008. In vitro activity of Bacillus firmus against the burrowing nematode *Radopholus similis*, the root-knot nematode *Meloidogyne incognita* and the stem nematode *Ditylenchus dipsaci*[J]. Biocontrol Science & Technology, 18(4): 377- 389.

Ongenam M, Jacques P, 2008. *Bacillus lipopeptides*: versatile weapons for plant disease biocontrol[J]. Trends in Microbiology, 16(3):115-125.

Prasad D, Chawla M L, 1994. Cotton seed oil cake extract for the control of root- knot nematode, *Meloidogyne incognita* on soybean[J]. Indian Journal of Nematology, 24(2): 191-194.

Sano Z, Iwahori H, 2005. Regional variation in pathogenicity of Meloidogyne incognita populations on sweetpotato in Okinawa[J]. Japanese Journal of Nematology, 35: 1-12.

Thomas R J, Clark C A, 1983. Population dynamics of *meloidogyne incognita* and *rotylenchulus reniformis* alone and in combination, and their effects on sweet potato[J]. Journal of Nematology, 15(2): 204-211.

Yoshihiro O, Akira K, Hiroaki T, et al., 2017. Review of major sweetpotato pests in Japan, with information on resistance breeding programs[J]. Breeding Science, 67: 73-82.

附录1
病原物拉丁学名索引

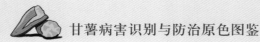

附录2
病原物中文学名索引

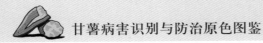

附录3
禁限用农药名录

　　《农药管理条例》规定，农药生产应取得农药登记证和生产许可证，农药经营应取得经营许可证，农药使用应按照标签规定的使用范围、安全间隔期用药，不得超范围用药。剧毒、高毒农药不得用于防治卫生害虫，不得用于蔬菜、瓜果、茶叶、菌类、中草药材的生产，不得用于水生植物的病虫害防治。

一、禁止（停止）使用的农药（46种）

　　六六六、滴滴涕、毒杀芬、二溴氯丙烷、杀虫脒、二溴乙烷、除草醚、艾氏剂、狄氏剂、汞制剂、砷类、铅类、敌枯双、氟乙酰胺、甘氟、毒鼠强、氟乙酸钠、毒鼠硅、甲胺磷、对硫磷、甲基对硫磷、久效磷、磷胺、苯线磷、地虫硫磷、甲基硫环磷、磷化钙、磷化镁、磷化锌、硫线磷、蝇毒磷、治螟磷、特丁硫磷、氯磺隆、胺苯磺隆、甲磺隆、福美胂、福美甲胂、三氯杀螨醇、林丹、硫丹、溴甲烷、氟虫胺、杀扑磷、百草枯、2,4-滴丁酯

　　注：氟虫胺自2020年1月1日起禁止使用。百草枯可溶胶剂自2020年9月26日起禁止使用。2,4-滴丁酯自2023年1月29日起禁止使用。溴甲烷可用于"检疫熏蒸处理"。杀扑磷已无制剂登记。

二、在部分范围禁止使用的农药（20种）

通用名	禁止使用范围
甲拌磷、甲基异柳磷、克百威、水胺硫磷、氧乐果、灭多威、涕灭威、灭线磷	禁止在蔬菜、瓜果、茶叶、菌类、中草药材上使用，禁止用于防治卫生害虫，禁止用于水生植物的病虫害防治
甲拌磷、甲基异柳磷、克百威	禁止在甘蔗作物上使用
内吸磷、硫环磷、氯唑磷	禁止在蔬菜、瓜果、茶叶、中草药材上使用
乙酰甲胺磷、丁硫克百威、乐果	禁止在蔬菜、瓜果、茶叶、菌类和中草药材上使用
毒死蜱、三唑磷	禁止在蔬菜上使用
丁酰肼（比久）	禁止在花生上使用
氰戊菊酯	禁止在茶叶上使用
氟虫腈	禁止在所有农作物上使用（玉米等部分旱田种子包衣除外）
氟苯虫酰胺	禁止在水稻上使用